建筑施工特种作业人员培训教材

建筑混凝土泵操作工

建筑施工特种作业人员培训教材编委会　组织编写

中国建筑工业出版社

图书在版编目（CIP）数据

建筑混凝土泵操作工/建筑施工特种作业人员培训教材编
委会组织编写. —北京：中国建筑工业出版社，2019.7
建筑施工特种作业人员培训教材
ISBN 978-7-112-23901-6

Ⅰ.①建… Ⅱ.①建… Ⅲ.①混凝土泵车-操作-技术培
训-教材 Ⅳ.①TU646

中国版本图书馆 CIP 数据核字（2019）第 124909 号

　　本书依据最新版的行业标准规范，全面讲述了建筑混凝土泵操作人
员应掌握的基本知识，全书分为两部分：第一部分为公共基础知识部分，
主要包括职业道德、建筑施工特种作业人员和管理、建筑施工安全生产
相关法规及管理制度、建筑施工安全防护基本知识、施工现场消防基本
知识和施工现场应急救援基本知识；第二部分为专业基础知识部分包括
泵送混凝土基本知识，混凝土泵送机械的基本构造及工作原理，混凝土
泵送机械的安全常识，混凝土泵送机械的操作与施工，泵送机械的维护
保养及常见故障处理，常见故障分析与处理等基本知识。

　　本书适合作为建筑施工现场特种作业人员、管理人员的培训教材，也可供相关人员参考学习。

责任编辑：李　明　赵云波　李　杰
责任校对：李欣慰

建筑施工特种作业人员培训教材
建筑混凝土泵操作工
建筑施工特种作业人员培训教材编委会　组织编写

*

中国建筑工业出版社出版、发行（北京海淀三里河路9号）
各地新华书店、建筑书店经销
北京红光制版公司制版
廊坊市海涛印刷有限公司印刷

*

开本：850×1168毫米　1/32　印张：4⅞　字数：133千字
2019年10月第一版　　2019年10月第一次印刷
定价：**20.00**元
ISBN 978-7-112-23901-6
（34125）

建筑施工特种作业人员
培训教材编委会

本书编审委员会

前　言

　　《中华人民共和国安全生产法》规定："生产经营单位的特种作业人员必须按照国家有关规定经专门的安全作业培训，取得相应资格，方可上岗作业"。建筑施工特种作业人员是指在房屋建筑和市政工程施工活动中，从事可能对本人、他人及周围设备设施的安全造成重大危害作业的人员。作为建设行业高危工种之一，其从业直接关系建筑施工质量安全，直接关系公民生命、财产安全和公共安全。

　　为进一步紧贴建筑施工特种作业人员职业素质和适岗能力的实际需要，编写委员会组织编写了《建筑电工》《建筑架子工》《附着式升降脚手架架子工》《建筑起重信号司索工》等24个工种的系列教材。该套教材既是相关工种培训考核的指导用书，又是一线建筑施工特种作业人员的实用工具书。

　　本套教材在编写过程中，得到了江苏省相关专家和部门的大力支持，在此一并表示感谢！因编者水平有限，难免会存在疏漏和不足之处，真诚希望广大同行和读者给予批评指正。

编者

二〇一九年五月

目　　录

第一部分　公共基础知识

第一章　职业道德 ……………………………………………… 1

　第一节　道德的含义和基本内容 …………………………… 1

　第二节　职业道德的基本特征和主要作用 ………………… 4

　第三节　建设行业职业道德建设 …………………………… 8

第二章　建筑施工特种作业人员和管理 ……………………… 13

　第一节　建筑施工特种作业 ………………………………… 13

　第二节　建筑施工特种作业人员 …………………………… 14

　第三节　建筑施工特种作业人员的权利 …………………… 17

　第四节　建筑施工特种作业人员的义务 …………………… 19

　第五节　建筑施工特种作业人员的管理 …………………… 20

第三章　建筑施工安全生产相关法规及管理制度 …………… 24

　第一节　建筑安全生产相关法律主要内容 ………………… 24

　第二节　建筑安全生产相关法规主要内容 ………………… 31

　第三节　建筑安全生产相关规章及规范性文件主要

　　　　　内容 …………………………………………………… 34

第四章　建筑施工安全防护基本知识 ………………………… 36

　第一节　个人安全防护用品的使用 ………………………… 36

　第二节　安全色与安全标志 ………………………………… 40

　第三节　高处作业安全知识 ………………………………… 42

第五章　施工现场消防基本知识 ……………………………… 45

　第一节　施工现场消防知识概述及常用消防器材 ………… 45

　第二节　施工现场消防管理制度及相关规定 ……………… 47

第六章　施工现场应急救援基本知识 ············· 51
　第一节　生产安全事故应急救援预案管理相关知识 ····· 51
　第二节　现场急救基本知识················ 52

第二部分　专业基础知识

第七章　泵送混凝土基本知识 ··············· 56
　第一节　混凝土的基本知识 ··············· 56
　第二节　混凝土的可泵性 ················ 60
第八章　混凝土泵送机械的基本构造及工作原理 ···· 67
　第一节　液压系统基本知识 ··············· 67
　第二节　电气基础知识 ················· 70
　第三节　混凝土泵送机械基本知识 ··········· 75
　第四节　混凝土泵车的基本构造及工作原理 ······ 89
　第五节　拖式泵的基本构造及工作原理 ········· 93
第九章　混凝土泵送机械的安全常识 ··········· 96
　第一节　安全注意事项 ················· 96
　第二节　安全操作规程 ················· 100
第十章　混凝土泵送机械的操作与施工 ········· 106
　第一节　泵送施工作业 ················· 106
　第二节　拖式泵的操作 ················· 109
　第三节　混凝土泵车的操作 ··············· 118
第十一章　泵送机械的维护保养 ············· 123
　第一节　日常维护保养 ················· 123
　第二节　易损件更换与调整 ··············· 132
第十二章　常见故障分析与处理 ············· 136

第一部分　公共基础知识

第一章　职业道德

第一节　道德的含义和基本内容

1. 道德的含义

道德是一种社会意识形态,是人们共同生活及其行为的准则与规范。

意识形态除了道德以外,还包括政治、法律、艺术、宗教、哲学和其他社会科学等意识形态,是对事物的理解、认知,对事物的感观思想,是观念、观点、概念、思想、价值观等要素的总和。如:对生命的认识和观点;对金钱物质的看法等。

道德往往代表着社会的正面价值取向,起到判断行为正当与否的作用。道德是以善恶为标准,通过社会舆论、内心信念和传统习惯来评价人的行为,调整人与人之间以及个人与社会之间相互关系的行动规范的总和。

2. 道德与法纪的关系

遵守道德是指按照社会道德规范行事,不做损害他人的事。遵守法纪是指遵守纪律和法律,按照规定行事,不违背纪律和法律的规定条文。法纪与道德既有区别也有联系,它们是两种重要的社会调控手段。

(1)法纪属于社会制度范畴,而道德属于社会意识形态范畴。道德侧重于自我约束,是行为主体"应当"的选择,依靠人们的内心信念、传统习惯和社会舆论发挥其作用,不具有强制力；而法纪则侧重于国家或组织的强制手段，是国家或组织制定和颁布，用以调整、约束和规范人们行为的权威性规则。

（2）遵守法纪是遵守道德的最低要求。道德一般又可分为两类：第一类是社会有序化要求的道德，是维系社会稳定所必不可少的最低限度的道德，如不得暴力伤害他人、不得用欺诈手段谋取利益、不得危害公共安全等；第二类是那些有助于提高生活质量、增进人与人之间紧密关系的原则，如博爱、无私、乐于助人、不损人利己等。第一类道德有时也会上升为法纪，通过制裁、处分或奖励的方法得以推行。而第二类道德是对人性较高要求的道德，一般不宜转化为法纪，需要通过教育、宣传和引导等手段来推行。法纪是道德的演化产物，其内容是道德范畴中最基本的要求，因此遵纪守法是遵守道德的最低要求。

（3）遵守道德是遵守法纪的坚强后盾。首先，法纪应包含最低限度的道德，没有道德基础的法纪，是无法获得人们的尊重和自觉遵守的。其次，道德对法纪的实施有保障作用，"徒善不足以为政，徒法不足以自行"，执法者职业道德的提高，守法者的法律意识、道德观念的加强，都对法纪的实施起着推动的作用。再者，道德又对法纪有补充作用，有些不宜由法纪调整的，或本应由法纪调整但因立法的滞后而尚"无法可依"的，道德约束往往就起到了必要的补充作用。

3. 公民道德的基本内容

公民道德主要包括社会公德、职业道德、家庭美德及个人品德四个方面。

（1）社会公德。公德是指与国家、组织、集体、民族、社会等有关的道德，社会公德是社会道德体系的社会层面，是维护社会公共生活正常进行的最基本的道德要求，是全体公民在社会交往和公共生活中应该遵循的行为准则，涵盖了人与人、人与社会、人与自然之间的关系。以文明礼貌、助人为乐、爱护公物、保护环境、遵纪守法为主要内容的社会公德，旨在鼓励人们在社会上做一个好公民。

（2）职业道德。职业道德是人们在职业生活中应当遵循的基本道德，是职业品德、职业纪律、专业能力及职业责任等的总称，它通过公约、守则等对职业生活中的某些方面加以规范。职业道德涵盖了从业人员与服务对象、职业与职工、职业与职业之间的关系；它既是对从业人员在职业活动中的行为要求，又是本行业对社会所承担的道德责任和义务。以爱岗敬业、诚实守信、办事公道、服务群众、奉献社会为主要内容的职业道德，旨在鼓励人们在工作中做一个好的建设者。

（3）家庭美德。家庭美德是调节家庭成员之间、邻里之间以及家庭与国家、社会、集体之间的行为准则，也是评价人们在恋爱、婚姻、家庭、邻里之间交往中的行为是非、善恶的标准。以尊老爱幼、男女平等、夫妻和睦、勤俭持家、邻里团结为主要内容的家庭美德，旨在鼓励人们在家庭生活里做一个好成员。

（4）个人品德。个人品德是一定社会的道德原则和规范在个人思想和行为中的体现，是一个人在其道德行为整体中所表现出来的比较稳定的、一贯的道德特点和倾向。个人品德是每个公民个人修养的体现，现代人应树立关爱、善待和宽厚的理念，对他人、对社会、对自然有关爱之心、善待之举和宽厚情怀。个人品德的内容包括很多，比如正直善良、谦虚谨慎、团结友爱、言行一致等。

社会公德、职业道德、家庭美德、个人品德这四个方面是一个有机的统一体，其外延由大到小，内涵由浅到深，共同构成一个完善的道德体系。在“四德”建设中，人的能动性及个人品德建设是至关重要的，个人品德的修养是树立道德意识、规范言行举止、建设和谐家庭、模范地做好工作、维护社会和谐的基础。只有个人具备优良品德修养才能由己及人，才能由己及家庭、集体和社会。正确处理个人与社会、竞争与协作、经济效益与社会效益等关系，树立尊重人、理解人、关心人的理念，发扬社会主义人道主义精神，提倡为人民为社会多做好事、体现社会主义制度优越性、促进社会主义市场经济健康有序发展的良好道德风尚。

党的十八大对未来我国道德建设也做出了重要部署，强调依法治国和以德治国相结合，加强社会公德、职业道德、家庭美德、个人品德教育，弘扬中华传统美德，倡导时代新风，指出了道德修养的"四位一体"性。十八大报告中"推进公民道德建设工程，弘扬真善美、贬斥假恶丑，引导人们自觉履行法定义务、社会责任、家庭责任，营造劳动光荣、创造伟大的社会氛围，培育知荣辱、讲正气、作奉献、促和谐的良好风尚"，强调了社会氛围和社会风尚对公民道德品质的塑造；"深入开展道德领域突出问题专项教育和治理，加强政务诚信、商务诚信、社会诚信和司法公信建设"，突出了"诚信"这个道德建设的核心。

第二节　职业道德的基本特征和主要作用

1. 职业道德的概念

职业道德是指所有从业人员在职业活动中应该遵循的行为准则，是一定职业范围内的特殊道德要求，即整个社会对从业人员的职业观念、职业态度、职业技能、职业纪律和职业作风等方面的行为标准和要求。

职业道德是随着社会分工的发展，并出现相对固定的职业集团时产生的，人们的职业生活实践是职业道德产生的基础。特定的职业不但要求人们具备特定的知识和技能，而且要求人们具备特定的道德观念、情感和品质。各种职业集团，为了维护职业利益和信誉，适应社会的需要，从而在职业实践中，根据一般社会道德的基本要求，逐渐形成了职业道德规范。

职业道德是对从事这个职业所有人员的普遍要求，它不仅是所有从业人员在其职业活动中行为的具体表现，同时也是本职业对社会所负的道德责任与义务，是社会公德在职业生活中的具体化。每个从业人员，不论是从事哪种职业，在职业活动中都要遵守职业道德，如现代中国社会中教师要遵守教书育人、为人师表的职业道德，医生要遵守救死扶伤的职业道德，企业经营者要遵守诚实守信、公平竞争、合法经营的职业道德等。

具体来讲，职业道德的含义主要包括以下八个方面：

（1）职业道德是一种职业规范，普遍受社会的认可。

（2）职业道德是长期以来自然形成的。

（3）职业道德没有确定的形式，通常体现为观念、习惯、信念等。

（4）职业道德依靠文化、内心信念和习惯，通过职工的自律来实现。

（5）职业道德大多没有实质的约束力和强制力。

（6）职业道德的主要内容是对职业人员义务的要求。

（7）职业道德标准多元化，代表了不同企业可能具有不同的价值观。

（8）职业道德承载着企业文化和凝聚力，影响深远。

2. 职业道德的基本特征

职业道德是从业人员在一定的职业活动中应遵循的、具有自身职业特征的道德要求和行为规范。职业道德具有以下几个特点：

（1）普遍性。从业者应当共同遵守基本职业道德行为规范，且在全世界的所有职业者都有着基本相同的职业道德规范。

（2）行业性。职业道德具有适用范围的有限性，每种职业都担负着一定的职业责任和职业义务，由于各种职业的职业责任和义务不同，从而形成各自特定的职业道德的具体规范。职业道德的内容与职业实践活动紧密相连，反映着特定职业活动对从业人员行为的道德要求。

（3）继承性。职业道德具有发展的历史继承性，由于职业具有不断发展和世代延续的特征，不仅其技术世代延续，其管理员工的方法、与服务对象打交道的方式，也有一定历史继承性。在长期实践过程中形成的职业道德内容，会被作为经验和传统继承下来，如"有教无类""学而不厌，诲人不倦"，从古至今都是教师的职业道德。

（4）实践性。一个从业者的职业道德知识、情感、意志、信念、觉悟、良心等都必须通过职业的实践活动，在自己的行为中表现出来，并且接受行业职业道德的评价和自我评价。

（5）多样性。职业道德表达形式多种多样，不同的行业和不同的职业，有不同的职业道德标准，且表现形式灵活。职业道德的表现形式总是从本职业的交流活动实际出发，采用诸如制度、守则、公约、承诺、誓言、条例等形式，以至标语口号之类来加以体现，既易于为从业人员所接受和实行，而且便于形成一种职业的道德习惯。

（6）自律性。从业者通过对职业道德的学习和实践，逐渐培养成较为稳固的职业道德品质，良好的职业道德形成以后，又会在工作中逐渐形成行为上的条件反射，自觉地选择有利于社会、有利于集体的行为，这种自觉就是通过自我内心职业道德意识、觉悟、信念、意志、良心的主观约束控制来实现的。

（7）他律性。道德行为具有受舆论影响的特征，在职业生涯中，从业人员随时都受到所从事职业领域的职业道德舆论的影响。实践证明，创造良好的职业道德社会氛围、职业环境，并通过职业道德舆论的宣传、监督，可以有效地促进人们自觉遵守职业道德，并实现互相监督，共同提升道德境界。

3. 职业道德的主要作用

在现代社会里，人人都是服务对象，人人又都为他人服务。社会对人的关心、社会的安宁和人们之间关系的和谐，是同各个岗位上的服务态度、服务质量密切相关的。在构建和谐社会的新形势下，大力加强社会主义职业道德建设，具有十分重要的作用。

（1）加强职业道德是提高职业人员责任心的重要途径

职业道德要求把个人理想同各行各业、各个单位的发展目标结合起来，同个人的岗位职责结合起来，以增强员工的职业观念、职业事业心和职业责任感。职业道德要求员工在本职工作中不怕艰苦，勤奋工作，既要团结协作，又争个人贡献，既讲经济效益，又讲社会效益。加强职业道德要求紧密联系本行业本单位的实际，有针对性地解决存在的问题。

（2）加强职业道德是促进企业和谐发展的迫切要求

职业道德的基本职能是调节职能，一方面可以调节从业人员内部的关系，即运用职业道德规范约束职业内部人员的行为，促进职业内部人员的团结与合作，加强职业、行业内部人员的凝聚力；另一方面，职业道德又可以调节从业人员与服务对象之间的关系，用来塑造本职业从业人员的社会形象。

企业是具有社会性的经济组织，在企业内部存在着各种复杂的关系，这些关系既有相互协调的一面，也有矛盾冲突的一面，如果解决不好，将会影响企业的凝聚力。这就要求企业所有的员工具有较高的职业道德觉悟，从大局出发，光明磊落、相互谅解、相互宽容、相互信赖、同舟共济，而不能意气用事、互相拆台。企业内部上下级之间、部门之间、员工之间团结协作，使企业真正成为一个具有社会主义精神风貌的和谐集体。

（3）加强职业道德是提高企业竞争力的必要措施

当前市场竞争激烈，各行各业都讲经济效益，要求企业的经营者在竞争中不断开拓创新。但行业之间为了自身的利益，会产生很多新的矛盾，形成自我力量的抵消，使一些企业的经营者在竞争中单纯追求利润、产值，不求质量，或者以次充好、以假乱真，不顾社会效益，损害国家、人民和消费者的利益，企业得到只能是短暂的收益，失去的是消费者的信任，也就失去了生存和发展的源泉，难以在竞争的激流中屹立不倒。在企业中加强职业道德使得企业在追求自身利润的同时，又能创造好的社会效益，从而提升企业形象，赢得持久而稳定的市场份额；同时，也使企业内部员工之间相互尊重、相互信任、相互合作，从而提高企业凝聚力，企业方能在竞争中稳步发展。

（4）加强职业道德是个人健康发展的基本保障

市场经济对于职业道德建设有其积极一面，也有消极的一面，它的自发性、自由性、注重经济效益的特性，导致一些人"一切向钱看"，唯利是图，不择手段追求经济效益，从而走入歧途，断送前程。提高从业人员的道德素质，树立职业理想，增强职业责任感，形成良好的职业行为，抵抗物欲诱惑，不被利欲所熏心，才能脚踏实地在本行业中追求进步。在社会主义市场经济条件下，只有具备职业道德精神的从业人员，才能在社会中站稳脚跟，成为社会的栋梁之材，在为社会创造效益的同时，也保障了自身的健康发展。

（5）加强职业道德提高全社会道德水平的重要手段

职业道德是整个社会道德的主要内容，它一方面涉及每个从业者如何对待职业，如何对待工作，同时也是一个从业人员的生活态度、价值观念的表现，是一个人的道德意识和道德行为发展到成熟阶段的体现，具有较强的稳定性和连续性。另一方面，职业道德也是一个职业集体甚至一个行业全体人员的行为表现，如果每个行业、每个职业集体都具备优良的道德，那么对整个社会道德水平的提高就会发挥重要作用。

第三节　建设行业职业道德建设

1. 加强职业道德建设，践行社会主义核心价值观

"国无德不兴，人无德不立。"习近平总书记指出："核心价值观，其实就是一种德，既是个人的德，也是一种大德，就是国家的德、社会的德。"因此，"必须加强全社会的思想道德建设，激发人们形成善良的道德意愿、道德情感，培育正确的道德判断和道德责任，提高道德实践能力尤其是自觉践行能力，引导人们向往和追求讲道德、尊道德、守道德的生活，形成向上的力量、向善的力量。"培育社会主义核心价值观，首先要培植一种有益于国家、社会、他人的道德。

党的十八大提出，倡导富强、民主、文明、和谐，倡导自由、平等、公正、法治，倡导爱国、敬业、诚信、友善，积极培

育和践行社会主义核心价值观。富强、民主、文明、和谐是国家层面的价值目标，自由、平等、公正、法治是社会层面的价值取向，爱国、敬业、诚信、友善是公民个人层面的价值准则，"富强、民主、文明、和谐；自由、平等、公正、法治；爱国、敬业、诚信、友善"，这24个字是社会主义核心价值观的基本内容。践行社会主义核心价值观对于道德建设具有重要的指导意义，而加强道德建设又对践行社会主义核心价值观发挥着基础性作用，两者互有联系，相辅相成。

建设行业是社会主义现代化建设中的一个十分重要的行业。工厂、住宅、学校、商店、医院、体育场馆、文化娱乐设施等的建设，都离不开建设行为，它以满足人民群众日益增长的物质文化生活需要为出发点。建设行业职业道德是社会主义核心价值观、社会主义道德规范，在建设行业的具体体现。

2. 结合建设行业特点和现实，加强职业道德建设

（1）职业道德建设的行业特点

以建设行业中建筑为例，专业多、岗位多、从业人员多且普遍文化程度较低、综合素质相对不高；条件艰苦，任务繁重，露天作业、高空作业，常年日晒雨淋，生产生活场所条件艰苦，安全设施落后和不足，作业存在安全隐患，安全事故频发；施工涉及面大，人员流动性强，四海为家，四处奔波，难以接受长期定点的培训教育；工种之间联系紧密，各专业、各工种、各岗位前后延续共同完成工程的建设；具有较强的社会性，一座建筑物凝聚了多方面的努力，体现了其社会价值和经济价值。同时，随着国民经济的发展，建筑行业地位和作用也越来越重要，行业发展关乎国计民生。因此，对从业人员开展及时地、各类形式灵活多样的教育培训，提高道德素质、文化水平、专业知识和职业技能；结合行业特点，加强团结协作教育、服务意识教育和职业道德教育，一切为了社会广大人民和子孙后代的利益，坚持社会主义、集体主义原则，严谨务实，艰苦奋斗、多出精品优质工程，体现其社会价值和经济价值尤为重要。

（2）职业道德建设的行业现实

一个建筑物的诞生或一项工程的竣工需要有良好的设计、周密的施工、合格的建筑材料和严格的检验与监督。近几年来，出现设计结构不合理、计算偏差，不考虑相关因素，埋下重大隐患；施工过程中秩序混乱；建筑材料伪劣产品层出不穷；金钱、人情关系扰乱工程安全质量监督，质量安全事故屡见不鲜。作为百年大计的工程建设产品，如果质量差，损失和危害将无法估量。例如 5·12 汶川大地震中某些倒塌的问题房屋，杭州地铁坍塌，上海、石家庄在建楼房倒楼事件等。造成这些问题的因素很多，但是道德因素是其中最重要的因素之一。再如，面对激烈的市场竞争，一些建筑企业为了拿到工程项目，使用各种手段，其中手段之一就是盲目压价，用根本无法完成工程的价格去投标。中标后就在设计、施工、材料等方面做文章，启用非法设计人员搞黑设计；施工中偷工减料；材料上买低价伪劣产品，最终，使建筑物的"百年大计"大大打了折扣。因此，大力加强建设行业职业道德建设，营造市场经济良好环境，经济效益和社会效益并重尤为紧迫。

3. 建设行业职业道德要求

根据住房和城乡建设部发布的《建筑业从业人员职业道德规范（试行）》，对建筑从业人员共同职业道德规范要求如下：

（1）热爱事业，尽职尽责

热爱建筑事业，安心本职工作，树立职业责任感和荣誉感，发扬主人翁精神，尽职尽责，在生产中不怕苦，勤勤恳恳，努力完成任务。

（2）努力学习，苦练硬功

努力学文化，学知识，刻苦钻研技术，熟练掌握本工种的基本技能，练就一身过硬本领。努力学习和运用先进的施工方法，钻研建筑新技术、新工艺、新材料。

（3）精心施工，确保质量

树立"百年大计、质量第一"的思想，按设计图纸和技术规范精心操作，确保工程质量，用优良的成绩树立建安工人形象。

（4）安全生产，文明施工

树立安全生产意识，严格安全操作规程，杜绝一切违章作业现象，确保安全生产无事故。维护施工现场整洁，在争创安全文明标准化现场管理中作出贡献。

（5）节约材料，降低成本

发扬勤俭节约优良传统，在操作中珍惜一砖一木，合理使用材料，认真做好落手清、现场清，及时回收材料，努力降低工程成本。

（6）遵章守纪，维护公德

要争做文明员工，模范遵守各项规章制度，发扬团结互助精神，尽力为其他工种提供方便。

4. 特种作业人员职业道德核心内容

（1）安全第一

坚持"生产必须安全，安全为了生产"的意识。严格遵守操作规程。操作人员要强化安全意识，认真执行安全生产的法律、法规、标准和规范，严格执行操作规程和程序，杜绝一切违章作业，不野蛮施工，不乱堆乱扔。

（2）诚实守信

诚实守信作为社会主义职业道德的基本规范，是和谐社会发展的必然要求，它不仅是建设领域职工安身立命的基础，也是企业赖以生存和发展的基石。操作人员要言行一致，表里如一，真实无欺，相互信任，遵守诺言，忠实地履行自己应当承担的责任和义务。

（3）爱岗敬业

爱岗就是热爱自己的工作岗位，敬业就是要用一种恭敬严肃的态度对待自己的工作。操作人员应当热爱本职工作，不怕苦、不怕累，认真负责，集中精力，精心操作，密切配合其他工种施工，确保工程质量，使工程如期完成。这是社会对每个从业者的要求，更应当是每个从业者对自己的自觉约束。

（4）钻研技术

操作人员要努力学习科学文化知识，刻苦钻研专业技术，苦练硬功，扎实工作，熟练掌握本工作的基本技能，努力学习和运用先进的施工方法，精通本岗位业务，不断提高业务能力。

（5）保护环境

文明操作，防止损坏他人和国家财产。讲究施工环境优美，做到优质、高效、低耗。做到不乱排污水，不乱倒垃圾，不影响交通，不扰民施工。

第二章　建筑施工特种作业人员和管理

第一节　建筑施工特种作业

1. 建筑施工特种作业概念

建筑施工特种作业人员是指在房屋建筑和市政工程施工活动中，从事对本人、他人的生命健康及周围设施的安全可能造成重大危害的作业人员。

特种作业有着不同的危险因素，《中华人民共和国安全生产法》规定：生产经营单位的特种作业人员必须按照国家有关规定经专门的安全作业培训，取得相应资格，方可上岗作业。

2. 建筑施工特种作业工种

（1）住房和城乡建设部《建筑施工特种作业人员管理规定》（建质〔2008〕75号）所确定的建筑施工特种作业包括：

1）建筑电工。

2）建筑架子工。

3）建筑起重信号司索工。

4）建筑起重机械司机。

5）建筑起重机械安装拆卸工。

6）高处作业吊篮安装拆卸工。

7）经省级以上人民政府建设主管部门认定的其他特种作业。

（2）《江苏省建筑施工特种作业人员管理暂行办法》（苏建管质〔2009〕5号），规定了江苏省的建筑施工特种作业包括：

1）建筑电工。

2）建筑架子工。

3) 建筑起重信号司索工。

4) 建筑起重机械司机。

5) 建筑起重机械安装拆卸工。

6) 高处作业吊篮安装拆卸工。

7) 建筑焊工。

8) 建筑施工机械安装质量检验工。

9) 桩机操作工。

10) 建筑混凝土泵操作工。

11) 建筑施工现场场内机动车司机。

12) 其他特种作业人员。

目前，江苏省又将"建筑施工现场场内机动车司机"细分为："建筑施工现场场内叉车司机""建筑施工现场场内装载机司机""建筑施工现场场内翻斗车司机""建筑施工现场场内推土机司机""建筑施工现场场内挖掘机司机""建筑施工现场场内压路机司机""建筑施工现场场内平地机司机""建筑施工现场场内沥青混凝土摊铺机司机"等。

第二节　建筑施工特种作业人员

按照住房和城乡建设部与江苏省建设行政主管部门的规定，从事建筑施工特种作业的人员应当取得建筑施工特种作业人员操作资格证书，方可上岗从事相应作业。

1. 年龄及身体要求

年满18周岁且符合相应特种作业规定的年龄要求。

近3个月内经二级乙等以上医院体检合格且无听觉障碍、无色盲，无妨碍从事本工种的疾病（如癫痫病、高血压、心脏病、眩晕症、精神病和突发性昏厥症等）和生理缺陷。

2. 学历要求

初中及以上学历。其中，报考建筑起重机械安装质量检测工（塔式起重机、施工升降机）的人员，应符合下列条件之一：

（1）具有工程机械（建筑机械）类、电气类大专以上学历或工程机械（建筑机械）类、电气类、安全工程类助理工程师任职资格，并从事起重机设计、制造、安装调试、维修、操作、检验工作2年及其以上。

（2）具有工程机械（建筑机械）类、电气类中专、理工科（非起重专业）大专以上学历或工程机械（建筑机械）类、电气类、安全工程类技术员任职资格，并从事起重机设计、制造、安装调试、维修、操作、检验工作3年及其以上。

（3）具有高中学历并从事起重机设计、制造、安装调试、维修、操作、检验工作5年及其以上。

3. 考核要求

（1）报名

全省建筑施工特种作业人员考核、发证及管理系统集成在"江苏省建筑业监管信息平台2.0"上。建筑施工企业人员可由企业统一组织通过监管信息平台直接报名，非建筑施工企业人员向所在地考核基地报名，填报相应工种，经市县建设（筑）主管部门资格审查合格后，到经省建设行政主管部门认定的建筑施工特种作业考核基地，进行培训后参加考核。

凡申请考核、延期复核、换证的人员均须进行二代身份证信息和指脉信息采集。采集入库的二代身份证和指脉信息，将作为今后个人进行考核、延期复核、换证、查验的依据，如信息不吻合，将影响上述有关事项的办理。

企业可自行采集本企业申报人员二代身份证信息，指纹信息须由申报人员至考核基地进行现场采集。

（2）考核

建筑施工特种作业人员考核包括安全技术理论和安全操作技能。

考核内容分掌握、熟悉、了解三类。其中掌握即要求能运用相关特种作业知识解决实际问题；熟悉即要求能较深理解相关特种作业安全技术知识；了解即要求具有相关特种作业的基本知识。

（3）考核办法

1）安全技术理论考核。采用无纸化网络闭卷考试方式，考试时间为2小时，实行百分制，60分为合格。其中，安全生产基本知识占25％、专业基础知识占25％、专业技术理论占50％。

2）安全操作技能考核。采用实际操作（或模拟操作）、口试等方式，考核实行百分制，70分为合格。

3）参考人员在安全技术理论考核合格后，方可参加实际操作技能考核。同一工种的实操考核时间不得早于理论考核时间，在实际操作技能考核合格后，可以取得相应的建筑施工特种作业人员操作资格。

4. 发证

（1）按照住房和城乡建设部《建筑施工特种作业人员管理规定》（建质〔2008〕75号）的规定，考核发证机关对于考核合格的，应当自考核结果公布之日起10个工作日内颁发资格证书。资格证书采用国务院建设主管部门统一规定的式样，由考核发证机关编号后签发。资格证书在全国通用。

（2）江苏省建设行政主管部门从2017年下半年开始，试行发放"电子证书"。此项工作得到了住房和城乡建设部的同意。2017年10月18日，江苏省政务服务管理办公室与省住房和城乡建设厅联合发文《关于启用住房城乡建设领域从业人员考核合格电子证书使用的有关通知》（省政务办发〔2017〕66号），文件规定从2017年12月1日起，全面启用电子证书，停发同名纸质证书。根据《中华人民共和国电子签名法》规定，可靠的电子证书具备与同名纸质证书相同效力。省住房城乡建设厅核发的电子证书，各地在公共资源交易、资质核准予以认可。

（3）电子证书式样（图2-1）

图 2-1 电子证书的样式

第三节 建筑施工特种作业人员的权利

1. 获得劳动安全卫生的保护权利

建筑施工特种作业人员有获得用人单位提供符合国家规定的劳动安全卫生条件和必要的劳动防护用品的权利；并且有要求按照规定获得职业病健康体检、职业病诊疗、康复等职业病防治服务的权利。

2. 对安全生产状况的知情、参与和建议的权利

建筑施工特种作业人员有获得所从事的特种作业，可能面临的任何潜在危险、职业危害，安全与健康可能造成的后果的权利；有参与判别和解决所面临的劳动安全卫生问题的权利；有对本单位的安全生产和劳动安全卫生工作建议的权利。

3. 接受职业技能教育培训的权利

建筑施工特种作业人员有接受职业技能教育和安全生产知识培训的权利，以获得对工作环境、生产过程、机械设备和危险物质等方面的有关安全卫生知识。

4. 拒绝违章指挥和强令冒险作业的权利

建筑施工特种作业人员在单位领导或者有关工程技术人员违章指挥，或者在明知存在危险因素而没有采取安全保护措施，强迫命令操作人员作业时，有拒绝工作的权利。

5. 危险状态下的紧急避险权利

在生产劳动过程中，当发现危及作业人员生命安全的情况时，作业人员有权停止工作或者撤离现场。

6. 安全生产活动的监督与批评、检举、控告和申诉的权利

建筑施工特种作业人员对用人单位遵守劳动安全卫生法律法规和标准，履行保护工人安全健康的责任的情况，有监督的权利。对用人单位违反劳动安全卫生法律法规和标准，不履行其责任的情况，作业人员有批评、检举和控告的权利。在劳动保护等方面受到用人单位不公正待遇时，作业人员有权向有关部门提出申诉的权利。

对作业人员的检举、控告和申诉，建设行政主管部门和其他有关部门应当查清事实，认真处理，不得压制和打击报复。

用人单位不得因作业人员对本单位安全生产工作提出批评、检举、控告或者拒绝违章指挥、强令冒险作业及向有关部门提出申诉而降低其工资、福利等待遇或者解除与其订立的劳动合同。

7. 依法获得工伤保险的权利

生产经营单位必须依法参加工伤社会保险，为从业人员缴纳保险费。建筑施工企业必须为从事危险作业的职工办理意外伤害保险，支付保险费。当作业人员发生工伤事故时，依法获得相关保险的权利。

第四节 建筑施工特种作业人员的义务

1. 遵守有关安全生产的法律、法规和规章的义务

建筑施工特种作业人员在施工活动中，应当遵守有关安全生产的法律、法规和规章。遵守建筑施工安全强制性标准和用人单位的规章制度，严格按照操作规程操作，做到不违规作业、不违章作业。

2. 提高职业技能和安全生产操作水平的义务

建筑施工特种作业人员面对建筑施工活动中的复杂性和多样性，要不断提高职业技能水平。在未上岗之前应参加岗前技能培训和安全生产操作能力的培训，掌握安全操作知识和技能，取得相应合格证书后方可上岗工作。已在工作岗位上的人员，还必须经常性地参加有关教育培训，熟练掌握本工种的各项安全操作技能，不断提高职业技能和安全生产操作水平。

3. 遵守劳动纪律的义务

建筑施工特种作业人员应严格遵守用人单位的劳动纪律。劳动纪律是用人单位为形成和维持生产经营秩序，保证劳动合同得以履行，要求全体员工在集体劳动、工作、生活过程中以及与劳动、工作紧密相关的其他过程中必须共同遵守的规则。

4. 发现事故隐患和其他不安全因素，立即报告的义务

建筑施工特种作业人员在施工现场直接承担具体的作业活动，更容易发现事故隐患或者其他不安全因素，一旦发现事故隐患或者其他不安全因素，作业人员应当立即向现场安全生产管理人员或者本单位负责人报告，不得隐瞒不报或者拖延报告。如果作业人员发现所报告的事故隐患或者其他不安全因素得不到解决，作业人员也可以越级上报。

5. 完成生产任务的义务

建筑施工特种作业人员完成合理的生产任务是应尽的义务，也是取得劳动报酬的基本条件。作业人员在完成合理生产任务的前提下，还应该保证质量，争做生产劳动的积极分子，为企业经济效益、为社会财富的积累、为国家的发展做出自己应有的贡献。

第五节　建筑施工特种作业人员的管理

根据住房和城乡建设部的规定，省、自治区、直辖市人民政府建设主管部门或者其委托的考核机构负责本行政区域内建筑施工特种作业人员的考核工作。

1. 建设行政主管部门的管理职责

（1）省建设行政主管部门的管理职责

1）负责全省范围内建筑施工特种作业人员的考核监督管理工作。

2）研究制定特种作业人员执业资格考核标准、考核大纲，建立相应工种的试题库。

3）认证特种作业人员执业资格考核基地。

4）负责特种作业人员执业资格考核工作的师资教育培训，监督管理考核考务工作。

5）负责特种作业人员执业证书的颁发和管理。

6）负责特种作业人员统计信息工作。

7）其他监督管理工作。

（2）受委托的市、县建设（筑）主管部门的管理职责

1）负责本行政区域内特种作业人员的监督管理工作，制定本地区特种作业人员考核发证管理制度，建立本地区特种作业人员档案。

2）负责考核基地的初审和考评人员的日常管理。

3）负责特种作业人员考核工作的组织实施。

4）负责特种作业人员考核、延期复核、换证的市、县分级审核。

5）负责特种作业人员执业继续教育。

6）负责特种作业人员的统计信息工作。

7）监督检查特种作业人员的从业活动，查处违章行为并记录在档。

8）其他监督管理工作。

2. 用人单位的管理职责：

（1）用人单位对于首次取得执业资格证书的人员，应当在其正式上岗前安排不少于 3 个月的实习操作。实习操作期间，用人单位应当指定专人指导和监督作业。实习操作期满经用人单位考核合格方可独立作业。（所指定的专人应当从已取得相应特种作业资格证书、从事相关工作 3 年以上、无不良记录的熟练工中选取。）

（2）与持有效执业资格证书的特种作业人员订立劳动合同。

（3）制定并落实本单位特种作业安全操作规程和安全管理制度。

（4）书面告知特种作业人员违章操作的危害。

（5）向特种作业人员提供齐全、合格的安全防护用品和安全的作业条件。

（6）组织或者委托有能力的培训机构对本单位特种作业人员进行年度安全生产教育培训或者继续教育，时间不少于 24 小时。

（7）建立本单位特种作业人员管理档案。

（8）查处特种作业人员违章行为并记录在档。

（9）法律法规及有关规定明确的其他职责。

3. 特种作业人员应履行的职责

（1）严格遵守国家有关安全生产规定和本单位的规章制度，按照安全技术标准、规范和规程进行作业。

（2）正确佩戴和使用安全防护用品，并按规定对作业工具和设备进行维护保养。

（3）在施工中发生危及人身安全的紧急情况时，有权立即停止作业或者撤离危险区域，并向施工现场专职安全生产管理人员和项目负责人报告。

（4）自觉参加年度安全教育培训或者继续教育，每年不得少于 24 小时。

(5) 拒绝违章指挥，并制止他人违章作业。

(6) 法律法规及有关规定明确的其他职责。

4. 特种作业人员资格证书的延期

建筑施工特种作业人员执业资格证书有效期为 2 年。有效期满需要延期的，持证人员本人应当在期满前 3 个月内，向原市县考核受理机关提出申请，市县建设行政主管部门初审后，向省建设行政主管部门申请办理延期复核相关手续。延期复核合格的，证书有效期延期 2 年。

(1) 特种作业人员申请资格证书延期复核，应当提交下列材料：

1) 延期复核申请表。

2) 身份证（原件和复印件）。

3) 近 3 个月内由二级乙等以上医院出具的体检合格证明。

4) 年度安全教育培训证明和继续教育证明。

5) 用人单位出具的特种作业人员管理档案记录。

6) 规定提交的其他资料。

(2) 特种作业人员在资格证书有效期内，有下列情形之一的，延期复核结果为不合格：

1) 超过相关工种规定年龄要求的。

2) 身体健康状况不再适应相应特种作业岗位的。

3) 对生产安全事故负有直接责任的。

4) 2 年内违章操作记录达 3 次（含 3 次）以上的。

5) 未按规定参加年度安全教育培训或者继续教育的。

6) 规定的其他情形。

(3) 市县建设（筑）行政主管部门在接到特种作业人员提交的延期复核申请后，应当根据下列情况分别作出处理：

1) 对于不符合延期复核申请相关情形的，市县建设（筑）主管部门自收到延期复核资料之日起 5 个工作日内作出不予延期决定，并说明理由。

2）对于提交资料齐全且符合延期复审申请相关情形的，省建筑主管部门自收到市县建设（筑）主管部门延期复核相关手续之日起 10 个工作日内办理准予延期复核手续。

（4）省建筑主管部门应当在资格证书有效期满前按相关规定作出决定，逾期未作出决定的，视为延期复核合格。

5. 特种作业人员资格证书的撤销与注销

（1）省建筑主管部门对有下列情形之一的，应当撤销资格证书

1）持证人弄虚作假骗取资格证书或者办理延期手续的。

2）工作人员违法核发资格证书的。

3）持证人员因安全生产责任事故承担刑事责任的。

4）规定应当撤销的其他情形。

（2）省建筑主管部门对有下列情形之一的，应当注销资格证书

1）按规定不予延期的。

2）持证人逾期未申请办理延期复核手续的。

3）持证人死亡或者不具有完全民事行为能力的。

4）本人提出要求的。

5）规定应当注销的其他情形。

6. 特种作业人员管理的其他要求

（1）持有特种作业资格证书的执业人员，应当受聘于建筑施工企业或者建筑起重机械出租单位（以下简称用人单位），方可从事相应的特种作业。

（2）任何单位和个人不得非法涂改、倒卖、出租、出借或者以其他形式转让资格证书。

（3）特种作业人员变动工作单位，任何单位和个人不得以任何理由非法扣押其执业资格证书。

（4）各地应当建立举报制度，公开举报电话或者电子信箱，受理有关特种作业人员考核、发证以及延期复核的举报。对受理的举报，有关机关和工作人员应当及时妥善处理。

第三章　建筑施工安全生产相关
法规及管理制度

第一节　建筑安全生产相关法律主要内容

《中华人民共和国宪法》规定：国家通过各种途径，创造劳动就业条件，加强劳动保护，改善劳动条件，并在发展生产的基础上，提高劳动报酬和福利待遇。

劳动是一切有劳动能力的公民的光荣职责。国有企业和城乡集体经济组织的劳动者都应当以国家主人翁的态度对待自己的劳动。国家提倡社会主义劳动竞赛，奖励劳动模范和先进工作者。

1.《中华人民共和国建筑法》相关内容

（1）建筑活动应当确保建筑工程质量和安全，符合国家的建筑工程安全标准。

（2）从事建筑活动应当遵守法律、法规，不得损害社会公共利益和他人的合法权益。

（3）建筑工程安全生产管理必须坚持安全第一、预防为主的方针，建立健全安全生产的责任制度和群防群治制度。

（4）建筑施工企业应当在施工现场采取维护安全、防范危险、预防火灾等措施；有条件的，应当对施工现场实行封闭管理。

施工现场对毗邻的建筑物、构筑物和特殊作业环境可能造成损害的，建筑施工企业应当采取安全防护措施。

（5）建筑施工企业应当遵守有关环境保护和安全生产的法律、法规的规定，采取控制和处理施工现场的各种粉尘、废气、废水、固体废物以及噪声、振动对环境的污染和危害的措施。

（6）建筑施工企业必须依法加强对建筑安全生产的管理，执行安全生产责任制度，采取有效措施，防止伤亡和其他安全生产事故的发生。

建筑施工企业的法定代表人对本企业的安全生产负责。

（7）施工现场安全由建筑施工企业负责。实行施工总承包的，由总承包单位负责。分包单位向总承包单位负责，服从总承包单位对施工现场的安全生产管理。

（8）建筑施工企业应当建立健全劳动安全生产教育培训制度，加强对职工安全生产的教育培训；未经安全生产教育培训的人员，不得上岗作业。

（9）建筑施工企业和作业人员在施工过程中，应当遵守有关安全生产的法律、法规和建筑行业安全规章、规程，不得违章指挥或者违章作业。作业人员有权对影响人身健康的作业程序和作业条件提出改进意见，有权获得安全生产所需的防护用品。作业人员对危及生命安全和人身健康的行为有权提出批评、检举和控告。

（10）建筑施工企业必须为从事危险作业的职工办理意外伤害保险，支付保险费。

（11）施工中发生事故时，建筑施工企业应当采取紧急措施减少人员伤亡和事故损失，并按照国家有关规定及时向有关部门报告。

2. 《中华人民共和国安全生产法》相关内容

（1）生产经营单位必须遵守本法和其他有关安全生产的法律、法规，加强安全生产管理，建立、健全安全生产责任制和安全生产规章制度，改善安全生产条件，推进安全生产标准化建设，提高安全生产水平，确保安全生产。

（2）有关协会组织依照法律、行政法规和章程，为生产经营单位提供安全生产方面的信息、培训等服务，发挥自律作用，促进生产经营单位加强安全生产管理。

（3）国家实行生产安全事故责任追究制度，依照本法和有关法律、法规的规定，追究生产安全事故责任人员的法律责任。

（4）生产经营单位应当对从业人员进行安全生产教育和培训，保证从业人员具备必要的安全生产知识，熟悉有关的安全生产规章制度和安全操作规程，掌握本岗位的安全操作技能，了解事故应急处理措施，知悉自身在安全生产方面的权利和义务。未经安全生产教育和培训合格的从业人员，不得上岗作业。

（5）生产经营单位的特种作业人员必须按照国家有关规定经专门的安全作业培训，取得相应资格，方可上岗作业。

（6）生产经营单位应当建立健全生产安全事故隐患排查治理制度，采取技术、管理措施，及时发现并消除事故隐患。事故隐患排查治理情况应当如实记录，并向从业人员通报。

（7）承担安全评价、认证、检测、检验的机构应当具备国家规定的资质条件，并对其作出的安全评价、认证、检测、检验的结果负责。

（8）负有安全生产监督管理职责的部门应当建立举报制度，公开举报电话、信箱或者电子邮件地址，受理有关安全生产的举报；受理的举报事项经调查核实后，应当形成书面材料；需要落实整改措施的，报经有关负责人签字并督促落实。

（9）任何单位或者个人对事故隐患或者安全生产违法行为，均有权向负有安全生产监督管理职责的部门报告或者举报。

（10）新闻、出版、广播、电影、电视等单位有进行安全生产宣传教育的义务，有对违反安全生产法律、法规的行为进行舆论监督的权利。

3.《中华人民共和国特种设备安全法》相关内容

（1）特种设备生产、经营、使用单位应当遵守本法和其他有关法律、法规，建立、健全特种设备安全和节能责任制度，加强特种设备安全和节能管理，确保特种设备生产、经营、使用安全，符合节能要求。

（2）任何单位和个人有权向负责特种设备安全监督管理的部门和有关部门举报涉及特种设备安全的违法行为，接到举报的部门应当及时处理。

（3）特种设备生产、经营、使用单位及其主要负责人对其生产、经营、使用的特种设备安全负责。

特种设备生产、经营、使用单位应当按照国家有关规定配备特种设备安全管理人员、检测人员和作业人员，并对其进行必要的安全教育和技能培训。

（4）特种设备安全管理人员、检测人员和作业人员应当按照国家有关规定取得相应资格，方可从事相关工作。特种设备安全管理人员、检测人员和作业人员应当严格执行安全技术规范和管理制度，保证特种设备安全。

（5）特种设备使用单位应当建立岗位责任、隐患治理、应急救援等安全管理制度，制定操作规程，保证特种设备安全运行。

（6）特种设备使用单位应当建立特种设备安全技术档案。

安全技术档案应当包括以下内容：

1）特种设备的设计文件、产品质量合格证明、安装及使用维护保养说明、监督检验证明等相关技术资料和文件；

2）特种设备的定期检验和定期自行检查记录；

3）特种设备的日常使用状况记录；

4）特种设备及其附属仪器仪表的维护保养记录；

5）特种设备的运行故障和事故记录。

（7）特种设备的使用应当具有规定的安全距离、安全防护措施。

（8）特种设备使用单位应当对其使用的特种设备进行经常性维护保养和定期自行检查，并作出记录。

特种设备使用单位应当对其使用的特种设备的安全附件、安全保护装置进行定期校验、检修，并作出记录。

（9）特种设备使用单位应当按照安全技术规范的要求，在检验合格有效期届满前一个月向特种设备检验机构提出定期检验要求。

特种设备检验机构接到定期检验要求后，应当按照安全技术规范的要求及时进行安全性能检验。特种设备使用单位应当将定期检验标志置于该特种设备的显著位置。

未经定期检验或者检验不合格的特种设备，不得继续使用。

（10）特种设备安全管理人员应当对特种设备使用状况进行经常性检查，发现问题应当立即处理；情况紧急时，可以决定停止使用特种设备并及时报告本单位有关负责人。

特种设备作业人员在作业过程中发现事故隐患或者其他不安全因素，应当立即向特种设备安全管理人员和单位有关负责人报告；特种设备运行不正常时，特种设备作业人员应当按照操作规程采取有效措施保证安全。

（11）特种设备出现故障或者发生异常情况，特种设备使用单位应当对其进行全面检查，消除事故隐患，方可继续使用。

（12）负责特种设备安全监督管理的部门在依法履行监督检查职责时，可以行使下列职权：

1）进入现场进行检查，向特种设备生产、经营、使用单位和检验、检测机构的主要负责人和其他有关人员调查、了解有关情况；

2）根据举报或者取得的涉嫌违法证据，查阅、复制特种设备生产、经营、使用单位和检验、检测机构的有关合同、发票、账簿以及其他有关资料；

3）对有证据表明不符合安全技术规范要求或者存在严重事故隐患的特种设备实施查封、扣押；

4）对流入市场的达到报废条件或者已经报废的特种设备实施查封、扣押；

5）对违反本法规定的行为作出行政处罚决定。

（13）特种设备使用单位应当制定特种设备事故应急专项预案，并定期进行应急演练。

（14）特种设备发生事故后，事故发生单位应当按照应急预案采取措施，组织抢救，防止事故扩大，减少人员伤亡和财产损失，保护事故现场和有关证据，并及时向事故发生地县级以上人民政府负责特种设备安全监督管理的部门和有关部门报告。

与事故相关的单位和人员不得迟报、谎报或者瞒报事故情况，不得隐匿、毁灭有关证据或者故意破坏事故现场。

4.《中华人民共和国劳动合同法》相关内容

（1）用人单位自用工之日起即与劳动者建立劳动关系。用人单位应当建立职工名册备查。

（2）用人单位招用劳动者时，应当如实告知劳动者工作内容、工作条件、工作地点、职业危害、安全生产状况、劳动报酬，以及劳动者要求了解的其他情况；用人单位有权了解劳动者与劳动合同直接相关的基本情况，劳动者应当如实说明。

（3）用人单位招用劳动者，不得扣押劳动者的居民身份证和其他证件，不得要求劳动者提供担保或者以其他名义向劳动者收取财物。

（4）建立劳动关系，应当订立书面劳动合同。

已建立劳动关系，未同时订立书面劳动合同的，应当自用工之日起一个月内订立书面劳动合同。

用人单位与劳动者在用工前订立劳动合同的，劳动关系自用工之日起建立。

（5）劳动合同无效或者部分无效的情形：

1）以欺诈、胁迫的手段或者乘人之危，使对方在违背真实意思的情况下订立或者变更劳动合同的；

2）用人单位免除自己的法定责任、排除劳动者权利的；

3）违反法律、行政法规强制性规定的。

对劳动合同的无效或者部分无效有争议的，由劳动争议仲裁机构或者人民法院确认。

（6）用人单位应当按照劳动合同约定和国家规定，向劳动者及时足额支付劳动报酬。

用人单位拖欠或者未足额支付劳动报酬的，劳动者可以依法向当地人民法院申请支付令，人民法院应当依法发出支付令。

（7）用人单位应当严格执行劳动定额标准，不得强迫或者变相强迫劳动者加班。用人单位安排加班的，应当按照国家有关规定向劳动者支付加班费。

（8）劳动者拒绝用人单位管理人员违章指挥、强令冒险作业的，不视为违反劳动合同。

劳动者对危害生命安全和身体健康的劳动条件，有权对用人单位提出批评、检举和控告。

5.《中华人民共和国刑法》相关内容

（1）【重大责任事故罪】在生产、作业中违反有关安全管理的规定，因而发生重大伤亡事故或者造成其他严重后果的，处三年以下有期徒刑或者拘役；情节特别恶劣的，处三年以上七年以下有期徒刑。

（2）【强令违章冒险作业罪】强令他人违章冒险作业，因而发生重大伤亡事故或者造成其他严重后果的，处五年以下有期徒刑或者拘役；情节特别恶劣的，处五年以上有期徒刑。

（3）【重大劳动安全事故罪】安全生产设施或者安全生产条件不符合国家规定，因而发生重大伤亡事故或者造成其他严重后果的，对直接负责的主管人员和其他直接责任人员，处三年以下有期徒刑或者拘役；情节特别恶劣的，处三年以上七年以下有期徒刑。

（4）【工程重大安全事故罪】建设单位、设计单位、施工单位、工程监理单位违反国家规定，降低工程质量标准，造成重大安全事故的，对直接责任人员，处五年以下有期徒刑或者拘役，并处罚金；后果特别严重的，处五年以上十年以下有期徒刑，并处罚金。

（5）【消防责任事故罪】违反消防管理法规，经消防监督机构通知采取改正措施而拒绝执行，造成严重后果的，对直接责任人员，处三年以下有期徒刑或者拘役；后果特别严重的，处三年以上七年以下有期徒刑。

（6）【不报、谎报安全事故罪】在安全事故发生后，负有报告职责的人员不报或者谎报事故情况，贻误事故抢救，情节严重的，处三年以下有期徒刑或者拘役；情节特别严重的，处三年以上七年以下有期徒刑。

第二节　建筑安全生产相关法规主要内容

1. 《建设工程安全生产管理条例》

该条例规定了施工单位的相关安全责任，包括：依法取得资质和承揽工程；建立健全安全生产制度和操作规程；保证本单位安全生产条件所需资金的投入；设立安全生产管理机构，配备专职安全生产管理人员；总承包单位对施工现场的安全生产负总责；总承包单位和分包单位对分包工程的安全生产承担连带责任；特种作业人员必须按照国家有关规定经过专门的安全作业培训，并取得特种作业操作资格证书；施工单位的施工组织设计及专项施工方案管理责任；建设工程施工安全技术交底责任；施工现场、办公、生活区安全文明管理责任；相邻建筑物及环保管理责任；施工现场防火管理责任；施工作业人员安全防护及劳保管理责任；施工机械管理责任；施工单位的主要负责人、项目负责人、专职安全生产管理人员任职管理责任；施工单位应当对管理人员和作业人员的安全生产教育培训管理责任；施工单位应当为施工现场从事危险作业的人员办理意外伤害保险等相关安全责任。

相关内容：

（1）垂直运输机械作业人员、安装拆卸工、爆破作业人员、起重信号工、登高架设作业人员等特种作业人员，必须按照国家有关规定经过专门的安全作业培训，并取得特种作业操作资格证书后，方可上岗作业。

（2）施工单位应当在施工现场入口处、施工起重机械、临时用电设施、脚手架、出入通道口、楼梯口、电梯井口、孔洞口、桥梁口、隧道口、基坑边沿、爆破物及有害危险气体和液体存放处等危险部位，设置明显的安全警示标志。安全警示标志必须符合国家标准。

施工单位应当根据不同施工阶段和周围环境及季节、气候的变化，在施工现场采取相应的安全施工措施。施工现场暂时停止施工的，施工单位应当做好现场防护，所需费用由责任方承担，或者按照合同约定执行。

（3）施工单位应当向作业人员提供安全防护用具和安全防护服装，并书面告知危险岗位的操作规程和违章操作的危害。

作业人员有权对施工现场的作业条件、作业程序和作业方式中存在的安全问题提出批评、检举和控告，有权拒绝违章指挥和强令冒险作业。

在施工中发生危及人身安全的紧急情况时，作业人员有权立即停止作业或者在采取必要的应急措施后撤离危险区域。

2.《生产安全事故报告和调查处理条例》

条例对事故报告，事故调查，事故等级及事故处理作出了规定。

相关内容：

（1）根据生产安全事故造成的人员伤亡或者直接经济损失，事故一般分为以下等级：

1）特别重大事故，是指造成 30 人（含 30 人）以上死亡，或者 100 人（含 100 人）以上重伤（包括急性工业中毒，下同），或者 1 亿元（含 1 亿元）以上直接经济损失的事故；

2）重大事故，是指造成 10 人（含 10 人）以上 30 人以下死亡，或者 50 人（含 50 人）以上 100 人以下重伤，或者 5000 万元（含 5000 万元）以上 1 亿元以下直接经济损失的事故；

3）较大事故，是指造成 3 人（含 3 人）以上 10 人以下死亡，或者 10 人（含 10 人）以上 50 人以下重伤，或者 1000 万元（含 1000 万元）以上 5000 万元以下直接经济损失的事故；

4）一般事故，是指造成 3 人以下死亡，或者 10 人以下重伤，或者 1000 万元以下直接经济损失的事故。

（2）事故发生后，事故现场有关人员应当立即向本单位负责人报告；单位负责人接到报告后，应当于 1 小时内向事故发生地县级以上人民政府安全生产监督管理部门和负有安全生产监督管理职责的有关部门报告。

情况紧急时，事故现场有关人员可以直接向事故发生地县级以上人民政府安全生产监督管理部门和负有安全生产监督管理职责的有关部门报告。

（3）事故调查组有权向有关单位和个人了解与事故有关的情况，并要求其提供相关文件、资料，有关单位和个人不得拒绝。

事故发生单位的负责人和有关人员在事故调查期间不得擅离职守，并应当随时接受事故调查组的询问，如实提供有关情况。

事故调查中发现涉嫌犯罪的，事故调查组应当及时将有关材料或者其复印件移交司法机关处理。

3.《特种设备安全监察条例》

（1）特种设备生产、使用单位应当建立健全特种设备安全、节能管理制度和岗位安全、节能责任制度。

特种设备生产、使用单位的主要负责人应当对本单位特种设备的安全和节能全面负责。

特种设备生产、使用单位和特种设备检验检测机构，应当接受特种设备安全监督管理部门依法进行的特种设备安全监察。

（2）特种设备出现故障或者发生异常情况，使用单位应当对其进行全面检查，消除事故隐患后，方可重新投入使用。

（3）特种设备使用单位应当对特种设备作业人员进行特种设备安全、节能教育和培训，保证特种设备作业人员具备必要的特种设备安全、节能知识。

特种设备作业人员在作业中应当严格执行特种设备的操作规程和有关的安全规章制度。

（4）特种设备作业人员在作业过程中发现事故隐患或者其他不安全因素，应当立即向现场安全管理人员和单位有关负责人报告。

第三节　建筑安全生产相关规章及规范性文件主要内容

1.《建筑起重机械安全监督管理规定》

（1）使用单位应当履行下列安全职责：

1）根据不同施工阶段、周围环境以及季节、气候的变化，对建筑起重机械采取相应的安全防护措施；

2）制定建筑起重机械生产安全事故应急救援预案；

3）在建筑起重机械活动范围内设置明显的安全警示标志，对集中作业区做好安全防护；

4）设置相应的设备管理机构或者配备专职的设备管理人员；

5）指定专职设备管理人员、专职安全生产管理人员进行现场监督检查；

6）建筑起重机械出现故障或者发生异常情况的，立即停止使用，消除故障和事故隐患后，方可重新投入使用。

（2）使用单位应当对在用的建筑起重机械及其安全保护装置、吊具、索具等进行经常性和定期的检查、维护和保养，并做好记录。

（3）禁止擅自在建筑起重机械上安装非原制造厂制造的标准节和附着装置。

（4）建筑起重机械特种作业人员应当遵守建筑起重机械安全操作规程和安全管理制度，在作业中有权拒绝违章指挥和强令冒险作业，有权在发生危及人身安全的紧急情况时立即停止作业或者采取必要的应急措施后撤离危险区域。

（5）建筑起重机械安装拆卸工、起重信号工、起重司机、司索工等特种作业人员应当经建设主管部门考核合格，并取得特种作业操作资格证书后，方可上岗作业。

省、自治区、直辖市人民政府建设主管部门负责组织实施建筑施工企业特种作业人员的考核。

2. 《危险性较大的分部分项工程安全管理办法》

该办法对危险性较大的分部分项工程，即房屋建筑和市政基础设施工程在施工过程中，容易导致人员群死群伤或者造成重大经济损失的分部分项工程的前期保障、专项施工方案、现场安全管理及监督管理明确了具体要求。

（1）施工单位应当在施工现场显著位置公告危大工程名称、施工时间和具体责任人员，并在危险区域设置安全警示标志。

（2）专项施工方案实施前，编制人员或者项目技术负责人应当向施工现场管理人员进行方案交底。

施工现场管理人员应当向作业人员进行安全技术交底，并由双方和项目专职安全生产管理人员共同签字确认。

（3）施工单位应当对危大工程施工作业人员进行登记，项目负责人应当在施工现场履职。

项目专职安全生产管理人员应当对专项施工方案实施情况进行现场监督，对未按照专项施工方案施工的，应当要求立即整改，并及时报告项目负责人，项目负责人应当及时组织限期整改。

施工单位应当按照规定对危大工程进行施工监测和安全巡视，发现危及人身安全的紧急情况，应当立即组织作业人员撤离危险区域。

（4）危大工程发生险情或者事故时，施工单位应当立即采取应急处置措施，并报告工程所在地住房和城乡建设主管部门。建设、勘察、设计、监理等单位应当配合施工单位开展应急抢险工作。

第四章　建筑施工安全防护基本知识

第一节　个人安全防护用品的使用

1. 安全帽

安全帽是对人的头部受坠落物及其他特定因素引起的伤害起防护作用的防护用品。由帽壳、帽衬、下颌带和帽箍等组成。

施工现场工人必须佩戴安全帽。

（1）安全帽的作用

主要是为了保护头部不受到伤害。并在出现以下几种情况时保护人的头部不受伤害或降低头部伤害的程度。

1）飞来或坠落下来的物体击向头部时；

2）当作业人员从 2m 及以上的高处坠落下来时；

3）当头部有可能触电时；

4）在低矮的部位行走或作业，头部有可能碰到尖锐、坚硬的物体时。

（2）安全帽佩戴注意事项

安全帽的佩戴要符合标准，使用应符合规定。佩戴时要注意下列事项：

1）戴安全帽前应将调整带按自己头型调整到适合的位置，然后将帽内弹性带系牢。缓冲衬垫的松紧由带子调节，人的头顶和帽体内顶部的空间垂直距离一般在 25～50mm。这样才能保证当遭受到冲击时，帽体有足够的空间可供缓冲，平时也有利于头和帽体间的通风。

2）不要把安全帽歪戴，也不要把帽檐戴在脑后方。否则，会降低安全帽对于冲击的防护作用。

3) 为充分发挥保护力，安全帽佩戴时必须按头号围的大小调整帽箍并系紧下颌带。

4) 安全帽体顶部除了在帽体内部安装了帽衬外，有的还开了小孔通风。但在使用时不要为了透气而随便再行开孔，因为这样会降低帽体的强度。

5) 安全帽要定期检查。检查有没有龟裂、下凹、裂痕和磨损等情况，发现异常现象要立即更换，不准再继续使用。任何受过重击、有裂痕的安全帽，不论有无损坏现象，均应报废。

6) 在现场室内作业也要戴安全帽，特别是在室内带电作业时，更要认真戴好安全帽，因为安全帽不但可以防碰撞，而且还能起到绝缘作用。

7) 平时使用安全帽时应保持整洁，不能接触火源，不要任意涂刷油漆，不准当凳子坐。如果丢失或损坏，必须立即补发或更换，无安全帽一律不准进入施工现场。

2. 安全带

安全带是用于防止高处作业人员发生坠落或发生坠落后将作业人员安全悬挂的个体防护装备。主要由安全绳、缓冲器、主带、辅带等部件组成。

为了防止作业者在某个高度和位置上可能出现的坠落，作业者在登高和高处作业时，必须系挂好安全带。安全带的使用和维护有以下几点要求：

（1）高处作业施工前，应对作业人员进行安全技术教育及交底，并应配备相应防护用品。作业人员应从思想上重视安全带的作用，作业前必须按规定要求系好安全带。

（2）安全带在使用前要检查各部位是否完好无损，所有零部件应顺滑，无材料或制造缺陷，无尖角或锋利边缘。

（3）挂点强度应满足安全带的负荷要求，挂点不是安全带的组成部分，但同安全带的使用密切相关。高处作业如无固定挂点，应采用适当强度的钢丝绳或采取其他方法悬挂。禁止挂在移动或带尖锐棱角或不牢固的物件上。

（4）高挂低用。将安全带挂在高处，人在下面工作就叫高挂低用。它可以使坠落发生时的实际冲击距离减小。与之相反的是低挂高用。因为当坠落发生时，实际冲击的距离会加大，人和绳都要受到较大的冲击负荷。所以安全带必须高挂低用，严禁低挂高用。

（5）安全带绳保护套要保持完好，以防绳被磨损。若发现保护套损坏或脱落，必须加上新套后再使用。

（6）安全带严禁擅自接长使用。如果使用 3m 及以上的长绳时必须要加缓冲器，各部件不得任意拆除。

（7）安全带在使用后，要注意维护和保管。要经常检查安全带缝制部分和挂钩部分，必须详细检查捻线是否发生裂断和残损等。

（8）安全带不使用时要妥善保管，不可接触高温、明火、强酸、强碱或尖锐物体，不要存放在潮湿的仓库中保管。

（9）安全带在使用两年后应抽验一次，频繁使用应经常进行外观检查，发现异常必须立即更换。定期或抽样试验用过的安全带，不准再继续使用。

3. 防护服

建筑施工现场作业人员应穿着工作服。焊工的工作服一般为白色，其他工种的工作服没有颜色的限制。

（1）防护服的分类

建筑施工现场的防护服主要有以下几类：

1）全身防护型工作服；

2）防毒工作服；

3）耐酸工作服；

4）耐火工作服；

5）隔热工作服；

6）通气冷却工作服；

7）通水冷却工作服；

8）防射线工作服；

9）劳动防护雨衣；

10）普通工作服。

（2）防护服的穿着

施工现场对作业人员防护服的穿着要求主要有：

1）作业人员作业时必须穿着工作服；

2）操作转动机械时，袖口必须扎紧；

3）从事特殊作业的人员必须穿着特殊作业防护服；

4）焊工工作服应是白色帆布制作。

4. 防护鞋

防护鞋的种类比较多，应根据作业场所和内容的不同选择使用。电力建设施工现场上常用的有绝缘靴（鞋）、焊接防护鞋、耐酸碱橡胶靴及皮安全鞋等。

对绝缘鞋的要求有：

（1）必须在规定的电压范围内使用；

（2）绝缘鞋（靴）胶料部分无破损，且每半年作一次预防性试验；

（3）在浸水、油、酸、碱等条件上不得作为辅助安全用具使用。

5. 防护手套

使用防护手套时，必须对工件、设备及作业情况分析之后，选择适当材料制作的，操作方便的手套，方能起到保护作用。施工现场上常用的防护手套有下列几种：

（1）劳动保护手套。具有保护手和手臂的功能，作业人员工作时一般都使用这类手套。

（2）带电作业用绝缘手套。要根据电压选择适当的手套，检查表面有无裂痕、发黏、发脆等缺陷，如有异常禁止使用。

（3）耐酸、耐碱手套。主要用于接触酸和碱时戴的手套。

（4）橡胶耐油手套。主要用于接触矿物油、植物油及脂肪簇的各种溶剂作业时戴的手套。

（5）焊工手套。电、火焊工作业时戴的防护手套，应检查皮革或帆布表面有无僵硬、薄挡、洞眼等残缺现象，如有缺陷，不准使用。手套要有足够的长度，手腕部不能裸露在外边。

第二节　安全色与安全标志

安全色和安全标志是国家规定的两个传递安全信息的标准。尽管安全色和安全标志是一种消极的、被动的防御性的安全警告装置，并不能消除、控制危险，不能取代其他防范安全生产事故的各种措施，但它们形象而醒目地向人们提供了禁止、警告、指令、提示等安全信息，对于预防安全生产事故的发生具有重要作用。

1. 安全色的概念

安全色，就是传递安全信息含义的颜色，包括红、蓝、黄、绿四种颜色。对比色，是使安全色更加醒目的反衬色，包括黑、白两种颜色。对比色要与安全色同时使用。

安全色适用于工业企业、交通运输、建筑、消防、仓库、医院及剧场等公共场所使用的信号和标志的表面色，不适用于灯光信号、航海、内河航运以及其他目的而使用的颜色。

2. 安全色的含义

安全色的红、蓝、黄、绿四种颜色，分别代表不同的含义。

（1）红色。表示禁止、停止、危险以及消防设备的意思。凡是禁止、停止、消防和有危险的器件或环境均应涂以红色的标记作为警示的信号。

（2）蓝色。表示指令，要求人们必须遵守的规定。

（3）黄色。表示提醒人们注意。凡是警告人们注意的器件、设备及环境都应以黄色表示。

（4）绿色。表示给人们提供允许、安全的信息。

（5）对比色与安全色同时使用。

（6）安全色与对比的相间条纹。

红色与白色相间条纹——表示禁止人们进入危险环境。

黄色与黑色相间条纹——表示提示人们特别注意的意思。

蓝色和白色相间条纹——表示必须遵守规定的意思。

绿色和白色相间条纹——与提示标志牌同时使用，更为醒目地提示人们。

3. 安全色的使用

安全色的使用范围很广，可以使用在安全标志上，也可以直接使用在机械设备上；可以在室内使用，也可以在户外使用。如红色的，各种禁止标志；黄色的，各种警告标志；蓝色的，各种指令标志；绿色的，各种提示标志等。

安全色有规定的颜色范围，超出范围就不符合安全色的要求。颜色范围所规定的安全色是最不容易互相混淆的颜色。对比色是为了使安全色更加醒目而采用的反衬色，它的作用是提高物体颜色的对比度。

4. 安全标志的概念

安全标志是用以表达特定安全信息的标志，由图形符号、安全色、几何图形（边框）或文字构成。

安全标志适用于工矿企业、建筑工地、厂内运输和其他有必要提醒人们注意安全的场所。使用安全标志，能够引起人们对不安全因素的注意，从而达到预防事故、保证安全的目的。但是，安全标志的使用只是起到提示、提醒的作用，它不能代替安全操作规程，也不能代替其他的安全防护措施。

5. 安全标志的种类

安全标志分禁止标志、警告标志、指令标志和提醒标志四大类型。

（1）禁止标志。禁止标志的含义是禁止人们安全行为的图形标志。其基本形式是带斜杠的圆边框，采用红色作为安全色。

（2）警告标志。警告标志的基本含义是提醒人们对周围环境引起注意，以避免可能发生危险的图形标志。其基本形式是正三角形边框，采用黄色作为安全色。

（3）指令标志。指令标志的含义是强制人们必须做出某种动作或采用防范措施的图形标志。其基本形式是圆形边框,采用蓝色作为安全色。

(4)提示标志。提示标志的含义是向人们提供某种信息(如标明安全设施或场所等)的图形标志。其基本形式是正方形边框,采用绿色作为安全色。

第三节 高处作业安全知识

1. 高处作业的基本概念

凡在坠落高度基准面 2m 及以上,有可能坠落的高处进行的作业,均称为高处作业。

2. 建筑施工高处作业常见形式及安全措施

(1)临边作业

临边作业是指在工作面边沿无围护或围护设施高度低于 800mm 的高处作业,包括楼板边、楼梯段边、屋面边、阳台边及各类坑、沟、槽等边沿的高处作业。

进行临边作业时,应在临空一侧设置防护栏杆,并应采用密目式安全立网或工具式栏板封闭。

1)分层施工的楼梯口、楼梯平台和梯段边,应安装防护栏杆;外设楼梯口、楼梯平台和梯段边还应采用密目式安全立网封闭。

2)建筑物外围边沿处,应采用密目式安全立网进行全封闭,有外脚手架的工程,密目式安全立网应设置在脚手架外侧立杆上,并与脚手杆紧密连接;没有外脚手架的工程,应采用密目式安全立网将临边全封闭。

3)施工升降机、龙门架和井架物料提升机等各类垂直运输设备设施与建筑物间设置的通道平台两侧边,应设置防护栏杆、挡脚板,并应采用密目式安全立网或工具式栏板封闭。

4)各类垂直运输接料平台口应设置高度不低于 1.80m 的楼层防护门,并应设置防外开装置;多笼井架物料提升机通道中间,应分别设置隔离设施。

（2）洞口作业

洞口作业是指在地面、楼面、屋面和墙面等有可能使人和物料坠落，其坠落高度大于或等于 2m 的洞口处的高处作业。

在洞口作业时，应采取防坠落措施，并应符合下列规定：

1）当垂直洞口短边边长小于 500mm 时，应采取封堵措施；当垂直洞口短边边长大于或等于 500mm 时，应在临空一侧设置高度不小于 1.2m 的防护栏杆，并应采用密目式安全立网或工具式栏板封闭，设置挡脚板。

2）当非垂直洞口短边尺寸为 25～500mm 时，应采用承载力满足使用要求的盖板覆盖，盖板四周搁置应均衡，且应防止盖板移位。

3）当非垂直洞口短边边长为 500～1500mm 时，应采用专项设计盖板覆盖，并应采取固定措施；

4）当非垂直洞口短边长大于或等于 1500mm 时，应在洞口作业侧设置高度不小于 1.2m 的防护栏杆，并应采用密目式安全立网或工具式栏板封闭；洞口应采用安全平网封闭。

5）电梯井口应设置防护门，其高度不应小于 1.5m，防护门底端距地面高度不应大于 50mm，并应设置挡脚板。

6）在进入电梯安装施工工序之前，同时井道内应每隔 10m 且不大于 2 层加设一道水平安全网。电梯井内的施工层上部，应设置隔离防护设施。

7）施工现场通道附近的洞口、坑、沟、槽、高处临边等危险作业处，应悬挂安全警示标志外，夜间应设灯光警示。

8）边长不大于 500mm 洞口所加盖板，应能承受不小于 $1.1kN/m^2$ 的荷载。

9）墙面等处落地的竖向洞口、窗台高度低于 800mm 的竖向洞口及框架结构在浇注完混凝土没有砌筑墙体时的洞口，应按临边防护要求设置防护栏杆。

（3）攀登作业

攀登作业是指借助登高用具或登高设施进行的高处作业。攀登作业应注意以下事项：

1）攀登的用具，结构构造上必须牢固可靠。

2）梯子底部应坚实，并有防滑措施，不得垫高使用，梯子的上端应有固定措施。

3）单梯不得垫高使用，使用时应与水平面成 75°夹角，踏步不得缺失，其间距宜为 300mm。当梯子需接长使用时，应有可靠的连接措施，接头不得超过 1 处。连接后梯梁的强度，不应低于单梯梯梁的强度。

4）固定式直爬梯应用金属材料制成。使用直爬梯进行攀登作业时，攀登高度以 5m 为宜，超过 8m 时，应设置梯间平台。

5）上下梯子时，必须面向梯子，且不得手持器物。

（4）交叉作业

交叉作业是指垂直空间贯通状态下，可能造成人员或物体坠落，并处于坠落半径范围内、上下左右不同层面的立体作业。交叉作业时应注意以下事项：

1）各工种进行上下立体交叉作业时，不得在同一垂直方向上操作，下层作业的位置，必须处于依上层高度确定的可能坠落半径范围之外，不符合以上条件时，应设安全防护层。

2）钢模板、脚手架拆除时，下方不得有人施工。

3）模板拆除后，临边堆放处离楼层边沿不应小于 1m，堆放高度不得超过 1m，楼层边口、通道口、脚手架边缘等处，严禁堆放任何物件。

4）结构施工自 2 层起，凡人员进出的通道口（包括井架、施工电梯的进出通道口），均应搭设双层防护棚。

5）在建建筑物旁或在塔机吊臂回转半径范围之内的主要通道、临时设施、钢筋、木工作业区等必须搭设双层防护棚。

第五章　施工现场消防基本知识

第一节　施工现场消防知识
概述及常用消防器材

1. 施工现场消防知识概述

我国消防工作实行预防为主、消防结合的方针。按照政府统一领导、部门依法监管、单位全面负责、公民积极参与的原则，实行消防安全责任制，建立健全社会化的消防工作网络。

建设工程施工现场的防火，必须遵循国家有关方针、政策，针对不同施工现场的火灾特点，立足自防自救，采取可靠防火措施，做到安全可靠、经济合理、方便适用。

燃烧的发生必须具备三个条件，即：可燃物、助燃物和着火源。因此，制止火灾发生的基本措施包括：

（1）控制可燃物，以难燃或不燃的材料代替易燃或可燃的。

（2）隔绝空气，使用易燃物质的生产应在密闭的设备中进行。

（3）消除着火源。

（4）阻止火势蔓延，在建筑物之间筑防火墙，设防火间距，防止火灾扩大。

2. 建筑施工现场消防器材的配置和使用

（1）在建工程及临时用房的下列场所应配置灭火器：

1）易燃易爆危险品存放及使用场所；

2）动火作业场所；

3）可燃材料存放、加工及使用场所；

4）厨房操作间、锅炉房、发电机房、变配电房、设备用房、办公用房、宿舍等临时用房；

5）其他具有火灾危险的场所。

（2）建筑施工现场常用灭火器及使用方法：

1）泡沫灭火器。药剂：筒内装有碳酸氢钠、发沫剂、硫酸铝溶液。用途：适用于扑救油脂类、石油产品及一般固体初起的火灾；不适用于扑救忌水化学品和电气火灾。使用方法：手指堵住喷嘴，将筒体上下颠倒 2 次，打开开关，药剂即喷出。

2）干粉灭火器。药剂：钢筒内装有钾盐或钠盐粉，并备有盛装压缩气体的小钢瓶。用途：适用于扑救石油及其产品、可燃气体和电气设备初起的火灾。使用方法：提起筒，拔掉保险销环，干粉即可喷出。

3）二氧化碳灭火器。药剂：瓶内装有压缩或液态的二氧化碳。用途：主要适用于扑救贵重设备档案资料，仪器仪表，600V 以下的电器及油脂等火灾；禁止使用二氧化碳灭火器灭火的物品有，遇有燃烧物品中的锂、钠、钾、铯、锶、镁、铝粉等。使用方法：拔掉安全销，一手拿好喇叭筒对着火源，另一手压紧压把打开开关即可。

4）酸碱灭火器。用途：主要适用于扑救竹、木、棉、毛、草、纸等一般初起火灾，但对忌水的化学物品、电气、油类不宜用。

（3）消防栓、消防带、消防水枪

消防栓按安装区域分有室内、室外消防栓两种；按安装位置分有地上式与地下式两种；按消防介质分有水消防栓和泡沫消防栓两种。消防栓应在任意时刻均处于工作状态。

1）消防水带应配相对口径的水带接口方能使用。水带接口装置于水带两端，用于水带与水带、消火栓或水枪之间的连接，以便进行输水或水和泡沫混合液，其接口为内扣式。

2）水枪是装在水带接口上，起射水作用的专用部件。各种水枪的接口形式均为内扣式。

3）消防栓的开关位置在其顶部，必须用专用扳手操作，其顶盖上有开关标志符。

使用时应先安好消防水带，之后打开消防栓上封盖把水带固定好，然后再打开消防栓。在使用消防栓灭火时，必须两人以上操作，当水带充满水后，一人拿枪，一人配合移动消防水带。

第二节　施工现场消防管理制度及相关规定

施工现场的消防安全由施工单位负责。实行施工总承包的，应由总承包单位负责。分包单位向总承包单位负责，并应服从总承包单位的管理，同时应承担国家法律、法规规定的消防责任和义务。施工现场建立消防管理制度，落实消防责任制和责任人员，建立义务消防队，定期对有关人员进行消防教育，落实消防措施。

1. 施工现场消防管理制度

（1）施工单位应编制施工现场灭火及应急疏散预案。灭火及应急疏散预案应包括下列主要内容：

1）应急灭火处置机构及各级人员应急处置职责；

2）报警、接警处置的程序和通信联络的方式；

3）扑救初起火灾的程序和措施；

4）应急疏散及救援的程序和措施。

（2）施工人员进场时，施工现场的消防安全管理人员应向施工人员进行消防安全教育和培训。消防安全教育和培训应包括下列内容：

1）施工现场消防安全管理制度、防火技术方案、灭火及应急疏散预案的主要内容；

2）施工现场临时消防设施的性能及使用、维护方法；

3）扑灭初起火灾及自救逃生的知识和技能；

4）报警、接警的程序和方法。

（3）施工作业前，施工现场的施工管理人员应向作业人员进行消防安全技术交底。消防安全技术交底应包括下列主要内容：

1）施工过程中可能发生火灾的部位或环节；

2）施工过程应采取的防火措施及应配备的临时消防设施；

3）初起火灾的扑救方法及注意事项；

4）逃生方法及路线。

（4）施工过程中，施工现场的消防安全负责人应定期组织消防安全管理人员对施工现场的消防安全进行检查。消防安全检查应包括下列主要内容：

1）可燃物及易燃易爆危险品的管理是否落实；

2）动火作业的防火措施是否落实；

3）用火、用电、用气是否存在违章操作，电、气焊及保温防水施工是否执行操作规程；

4）临时消防设施是否完好有效；

5）临时消防车道及临时疏散设施是否畅通。

2. 施工现场消防管理规定

（1）施工现场动火作业

1）动火作业应办理动火许可证，动火许可证的签发人收到动火申请后，应前往现场查验并确认动火作业的防火措施落实后，再签发动火许可证；

2）动火操作人员应具有相应资格；

3）焊接、切割、烘烤或加热等动火作业前，应对作业现场的可燃物进行清理；作业现场及其附近无法移走的可燃物应采用不燃材料覆盖或隔离；

4）施工作业安排时，宜将动火作业安排在使用可燃建筑材料施工作业之前进行。确需在可燃建筑材料施工作业之后进行动火作业的，应采取可靠的防火保护措施；

5）裸露的可燃材料上严禁直接进行动火作业；

6）焊接、切割、烘烤或加热等动火作业应配备灭火器材，并应设置动火监护人进行现场监护，每个动火作业点均应设置1个监护人；

7）五级（含五级）以上风力时，应停止焊接、切割等室外动火作业，确需动火作业时，应采取可靠的挡风措施；

8）动火作业后，应对现场进行检查，并应在确认无火灾危险后，动火操作人员再离开。

（2）施工现场用电

1）电气线路应具有相应的绝缘强度和机械强度，禁止使用绝缘老化或失去绝缘性能的电气线路，严禁在电气线路上悬挂物品。破损、烧焦的插座、插头应及时更换；

2）电气设备与可燃、易燃易爆和腐蚀性物品应保持一定的安全距离；

3）距配电盘 2m 范围内不得堆放可燃物，5m 范围内不应设置可能产生较多易燃、易爆气体、粉尘的作业区；

4）可燃库房不应使用高热灯具，易燃易爆危险品库房内应使用防爆灯具；

5）电气设备不应超负荷运行或带故障使用。

（3）施工现场用气

1）储装气体罐瓶及其附件应合格、完好和有效；严禁使用减压器及其他附件缺损的氧气瓶，严禁使用乙炔专用减压器、回火防止器及其他附件缺损的乙炔瓶；

2）气瓶应保持直立状态，并采取防倾倒措施，乙炔瓶严禁横躺卧放；

3）严禁碰撞、敲打、抛掷、溜坡或滚动气瓶；

4）气瓶应远离火源，与火源的距离不应小于 10m，并应采取避免高温和防止曝晒的措施；

5）气瓶应分类储存，库房内应通风良好；空瓶和实瓶同库存放时，应分开放置，两者间距不应小于 1.5m；

6）瓶装气体使用前，应检查气瓶及气瓶附件的完好性，检查连接气路的气密性，并采取避免气体泄漏的措施，严禁使用已老化的橡皮气管；

7）氧气瓶与乙炔瓶的工作间距不应小于 5m，气瓶与明火作业点的距离不应小于 10m；

8）冬季使用气瓶，气瓶的瓶阀、减压阀等发生冻结时，严禁用火烘烤或用铁器敲击瓶阀，严禁猛拧减压器的调节螺丝；

9）氧气瓶内剩余气体的压力不应少于 0.1MPa，气瓶用后应及时归库。

第六章　施工现场应急救援基本知识

第一节　生产安全事故应急
救援预案管理相关知识

1. 生产安全事故应急救援预案的概念

生产安全事故应急救援预案是为了有效预防和控制可能发生的事故，最大限度减少事故及其损害而预先制定的工作方案。它是事先采取的防范措施，将可能发生的等级事故损失和不利影响减少到最低的有效方法。

2. 建筑施工企业生产安全事故应急救援预案的管理

施工单位的应急救援预案应经专家评审或者论证后，由企业主要负责人签署发布。施工项目部的安全事故应急救援预案在编制完成后报施工企业审批。

建筑工程施工期间，施工单位应当将生产安全事故应急救援预案在施工现场显著位置公示，并组织开展本单位的应急救援预案培训交底活动，使有关人员了解应急救援预案的内容、熟悉应急救援职责、应急救援程序和岗位应急救援处置方案。

建筑施工单位应当制定本单位的应急预案演练计划，根据本单位的事故预防重点，每年至少组织一次综合应急预案演练或者专项应急预案演练，每半年至少组织一次现场处置方案演练。

第二节 现场急救基本知识

1. 施工现场应急救护要点

（1）对骨伤人员的救护

1）不能随便搬动伤者，以免不正确的搬动（或移动）给伤者带来二次伤害。例如凡是胸、腰椎骨折者，头、颈部外伤者，不能任意搬动，尤其不能屈曲。

2）在需要搬动时，用硬板固定受伤部位后方可搬动。

3）用担架搬运时，要使伤员头部向后，以便后面抬担架的人可以随时观察其伤情变化。

（2）对眼睛伤害人员的救护

1）眼有异物时，千万不要自行用力眨眼睛，应通过药水、泪水、清水冲洗，仍不能把异物冲掉时，才能扒开眼睑，仔细小心清除眼里异物，如仍无法清除异物或伤势较重时，应立即到医院治疗。

2）当化学物质（如砌筑用的石灰膏）进入眼内，立即用大量的清水冲洗。冲洗时要扒开眼睑，使水能直接冲洗眼睛，要反复冲洗，时间至少 15min 以上。在无人协助的情况下，可用一盆水，双眼浸入水中，用手分开眼睑，做睁、闭眼、转动立即到医院做必要的检查和治疗。

（3）心肺复苏术

心肺复苏术，是在建筑工地现场对呼吸心骤停病人给予呼吸和循环支持所采取的急救，急救措施如下：

1）畅通气道：托起患者的下颌，使病人的头向后仰，如口中有异物，应先将异物排除。

2）口对口人工呼吸：捏闭病人的鼻孔，深吸气后先连续快速向病人口内吹气 4 次，吹气频率以每分钟 2～16 次。如遇特殊情况（牙关紧闭或外伤），可采用口对鼻人工呼吸。

3）胸外脏按压：双手在放病人胸骨的下 1/3 段（剑突上两

根指），有节奏地垂直向下按压胸骨干段，成人按压的深度为胸骨下陷 4~5cm 为宜。一般按压 15 次，吹气 2 次。

4）胸外心脏按压和口对口吹气需要交替进行。最好有两个人同时参加急救，其中一个人作口对口吹气。

（4）外伤常用止血方法

1）一般止血法：凡出血较少的伤口，可在清洗伤口后盖上一块消毒纱布，并用绷带或胶布固定即可。

2）指压止血法：可用干净的布（没有布可以用手）直接按压伤口，直到不出血为止。

3）加压包扎止血法：用纱布、棉花等垫放在伤口上，用较大的力进行包扎。并尽量抬高受伤部位。加压时力量也不可过大或扎得过紧，如以免引起受伤部位局部缺血造成坏死。

2. 建筑施工现场主要事故类型及救援常识

（1）触电事故及救援常识

1）发现有人触电时，不要直接用手去拖拉触电者，应首先迅速拉电闸断电，现场无电电闸时，使用木方等不导电的材料或用干衣服包严双手，将触电者拖离电源。

2）根据触电者的状况现场进行人工急救（如心肺复苏），并迅速向工地负责人报告或报警。

（2）火灾事故及救援常识

1）最早发现者应立即大声呼救，并根据情况立即采取正确方法灭火。当判断火势无法控制时，要迅速报警和向有关人员报告。

2）根据火灾的影响范围，迅速把无关人员疏散到指定的消防安全区。作业区发生火灾时，可采用建筑物内楼梯、外脚手架上下梯、离火灾现场较远的外施工电梯等疏散人员。不得使用离火灾现场较近的外施工电梯，严禁使用室内电梯疏散人员。

3）当火势无法控制时，要及时采取隔离火源措施，及时搬出附近的易燃易爆物以及贵重物品，防止火势蔓延到有易燃易爆物品或存放贵重物品的地点。当有可能发生气瓶爆炸或火势已无法控制且危及人员生命安全时，迅速将救火人员撤离到安全地方，等待专职消防队救援或采取其他必要措施。

4）火灾逃生自救知识原则；

如果发现火势无法控制，应保持镇静，判断危险地点和安全地点，决定逃生方法和路线，尽快撤离险地。

通过浓烟区逃生时，如无防毒面具等护具，可用湿等毛巾捂住口鼻，并尽可能贴近地面，以匍匐姿势快速前进，如有条件可向头部、身上浇冷水或用湿毛巾、湿棉被、湿毯子等将头、身裹好再冲出去。

（3）易燃易爆气体泄漏事故应急常识

1）最早发现者应立即大声呼救，并向有关人员报告或报警。根据情况立即采取正确方法施救，如尝试采取关闭阀门、堵漏洞等措施截断、控制泄漏，若无法控制，应迅速撤离。

2）在气体泄漏区内严禁使用手机、电话或启动电器设备，并禁止一切产生明火或火花的行为。

3）疏散无关人员，迅速远离危险区域，治安保卫人员要迅速建立禁区，严禁无关人员进入。同时停止附近的作业。

4）在未有安全保障措施的情况下，不要盲目行动，应等待公安消防队或其他专业救援队伍处理。

（4）发现坍塌预兆或坍塌事故应急常识

1）发现坍塌预兆时，发现者应立即大声呼唤，停止作业，迅速疏散人员撤离现场，并向项目部报告。待险情排除，并得到有关人员同意后，方可重新进入现场作业。

2）当事故发生后，发现者应立即大声呼救，同时向有关人员报告或报警。项目部根据情况立即采取措施组织抢救，同时向上级部门报告。

3）迅速判断事故发展状态和现场情况，采取正确应急控制措施，判断清楚被掩埋人员位置，立即组织人员全力挖掘抢救。

4）在救护过程中要防止二次坍塌伤人，必要时先对危险的地方采取一定的加固措施。

5）按照有关救护知识，立即救护抢救出来的伤员，在等待医生救治或送往医院抢救过程中，不要停止和放弃施救。

（5）有毒气体中毒事故应急常识

1）最早发现者应立即大声呼救，向有关人员报告或报警，如原因明确应立即采取正确方法施救，但决不可盲目救助。

2）迅速查明事故原因和判断事故发展状态，采取正确方法施救。

如中毒事故必须先通风或戴好防毒面具方可救人；如缺氧，则要戴好有供氧的防毒面具才可救人。

3）救出伤员后按照有关救护知识，立即救护伤员，在等待医生救治或送往医院抢救过程中，不要停止和放弃施救，如采用人工呼吸，或输氧急救等。

4）现场不具备抢救条件时，立即向社会求救。

（6）高处坠落伤害急救常识

1）坠落在地的伤员，应初步检查伤情，不得随意搬动。

2）立即呼叫"120"急救医生前来救治。

3）采取初步急救措施：止血、包扎、固定。

4）注意固定颈部、胸腰部椎，搬运时保持动作一致平稳，避免伤员脊柱弯曲扭动加重伤情。

3. 施工现场报警注意事项

（1）按工地写出的报警电话，进行报警。

（2）报告事故类型。说明伤情（病情、火情、案情）等，好让救护人员事先做好急救的准备。如火灾报警时要尽量说明燃烧或爆炸物质、燃烧程度、人员伤亡、发生火灾楼层等情况。

（3）说明单位（或事故地）的电话或手机号码，以便救护车（消防车、警车）随时用电话通信联系。

（4）可用几部电话或手机，由数人同时向有关救援单位报警求救。以便让各种救援单位都能以最快的速度到达事故现场。

第二部分 专业基础知识

第七章 泵送混凝土基本知识

混凝土作为输送泵（泵车）的工作对象，其质量的优劣直接影响着泵送工作效率和泵送性能，因此混凝土输送泵（泵车）的操作者必须对混凝土的基本知识有所了解，包括混凝土组成材料的成分、配合比、品质及质量要求等。

第一节 混凝土的基本知识

混凝土，简称为"砼"，是指由胶凝材料将骨料胶结成整体的工程复合材料的统称。通常所讲的混凝土是指用水泥用作胶凝材料，砂、石作骨料，与水（含外加剂和掺合料）按照一定比例配合，通过搅拌、浇筑成形和养护硬化而成的人造石。

胶凝材料有水泥、石膏、沥青等无机胶凝材料；骨料有砂、石子等材料。

在混凝土中，一般以砂子为细集料（粒径在 0.16~5mm 之间），石子为粗集料（粒径大于 5mm）。粗细集料的总含量约占混凝土总体积的 70%~80%。在混凝土拌合物中，水泥和水形成水泥浆，填充砂子空隙并包裹砂粒，形成砂浆，砂浆又填充石子空隙并包裹石子颗粒。

显然，水泥浆在砂石颗粒之间起着润滑作用，使混凝土拌合物具有一定的流动性。当水泥浆较多时，混凝土拌合物的流动性较大，呈现塑性状态；当水泥浆量较少时，则混凝土拌合物的流动性较小，呈现干稠状态。水泥浆除了使混凝土拌合物具有一定的流动性外，更主要的是起胶结作用。水泥浆中的水泥和水起水化反应凝结硬化，把砂石集料牢固地胶结成一整体。

此外，混凝土的主要缺点之一是膨胀、收缩，其主要原因也在于水泥浆数量偏大。因此，组成优质混凝土的重要原因之一，就是尽可能地减少水泥浆的用量，使之充满集料间的全部间隙即可。这样做不仅优质而且经济。但是，水泥浆少，又给施工带来很大困难。过于干硬（和易性低）的混凝土拌合料，很难搅拌均匀。要使混凝土在施工时保持适宜的和易性，必须使集料在水泥浆中呈悬浮状态。因此，水泥浆不仅要充满集料的空隙，而且要在集料表面之间形成适当的厚度，越厚则和易性越好。由此可以知道混凝土的工艺性能和物理力学性能之间存在着矛盾，正是这种矛盾推动着混凝土及其机械的发展。

1. 混凝土的分类

混凝土的品种很多，它们的性质和用途各不相同，因此分类方法也很多，如：

按照混凝土的表观密度可分为：重混凝土（表观密度＞$2500\text{kg}/\text{m}^3$用特别密实和特别重的集料制成的。如重晶石混凝土、钢屑混凝土等，它们具有不透 X 射线和 γ 射线的性能；常由重晶石和铁矿石配制而成。）、普通混凝土（表观密度在 $1950\text{kg}/\text{m}^3\sim2500\text{kg}/\text{m}^3$ 之间，主要以砂、石子为主要集料配制而成，是土木工程中最常用的混凝土品种。）、轻混凝土（表观密度在 $500\text{kg}/\text{m}^3\sim1950\text{kg}/\text{m}^3$ 之间，是通过发泡机的发泡系统将发泡剂用机械方式充分发泡，并将泡沫与水泥浆均匀混合，然后经过发泡机的泵送系统进行现浇施工或模具成型，经自然养护所形成的一种含有大量封闭气孔的新型轻质保温材料）。

按照生产与施工方法，混凝土可分为泵送混凝土、预应力混凝土、碾压混凝土、喷射混凝土、挤压混凝土等。

为改善混凝土的性能，通常根据实际情况有时需加入外加剂和掺合料。

混凝土外加剂是指为改善和调节混凝土的性能而掺加的物质，外加剂的添加对改善混凝土的性能起到一定的作用。常用的外加剂通常有减水剂、引气剂、缓凝剂、防冻剂等。

混凝土掺合料，是指为了改善混凝土性能，节约用水，调节混凝土强度等级，在混凝土拌合时掺入天然的或人工的能改善混凝土性能的粉状矿物质。

2. 混凝土拌合物的和易性

混凝土在未凝结硬化前，称为混凝土拌合物。它必须具有良好的和易性，便于施工，以保证能获得良好的浇灌质量。和易性是指混凝土拌合物易于施工操作（拌合、运输、浇灌、捣实）并能获得质量均匀、成形密实的性能。

和易性是一项综合的技术指标，包括有流动性、黏聚性和保水性三方面的含义。流动性是指混凝土拌合物在本身自重或施工机械振捣的作用下，能产生流动并均匀密实地填满模板的性能。

黏聚性是指混凝土拌合物在施工过程中，其组成材料之间有一定的黏聚力，不致产生分层离析的现象。

保水性是指混凝土拌合物在施工过程中，具有一定的保水能力，不致产生严重的泌水现象。

发生泌水现象的混凝土拌合物，由于水分泌出来会形成容易透水的空隙，而影响混凝土的密实性，降低质量。由此可见，混凝土拌合物的流动性、黏聚性和保水性有其各自的内容，而它们之间是互相联系的，但常存在矛盾。因此，所谓和易性就是这三方面性质在某种具体条件下矛盾统一的概念。

目前，在工地和试验室，通常是用坍落度试验测定拌合物的流动性，并辅以直观经验评定黏聚性和保水性。测定流动性的方法是：将混凝土拌合物按规定方法装入标准圆锥坍落度筒（无底）内，装满、捣实刮平后，垂直向上将筒提起，移到一旁，混凝土拌合物由于自重将会产生坍落现象，然后量出向下坍落的尺寸（mm）就叫坍落度，作为流动性指标。坍落度愈大表示流动性愈大。图7-1所示为坍落度试验。

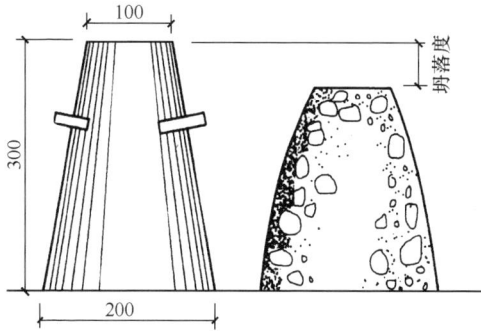

图 7-1　混凝土拌合物坍落度的测定

根据坍落度的大小，可将混凝土拌合物分为：大流动性混凝土（坍落度大于或等于 160mm）、流动性混凝土（坍落度为 100～150mm）、塑性混凝土（坍落度为 50～90mm）、低塑性混凝土、（坍落度为 10～40mm）。可泵送混凝土的坍落度一般大于 160mm。

对于干硬性的混凝土拌合物（坍落度值小于 10mm），通常采用维勃稠度仪（图 7-2）测定其稠度（维勃稠度）。

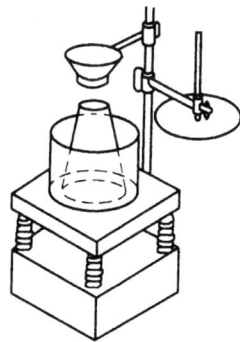

维勃稠度测试方法是：开始在坍落度筒申按规定方法装满混凝土拌合物，提起坍落度筒，在拌合物试体顶面放二透明圆盘，开启振动台，同时用秒表开始记时，到透明圆盘的底面完全为水泥浆布满时，秒表记时停止，

图 7-2　维勃稠度仪

关闭振动台。此时可以认为混凝土拌合物已密实。所读秒数，称为维勃稠度。该法适用于集料粒径不超过 40mm，维勃稠度在 5～30s 之间的凝土拌合物稠度测定。

3. 混凝土配合比

混凝土配合比是指混凝土中各组成材料的数量比例。配合比常用表示方法有两种：以 1m³ 混凝土中各组成材料的用量表示，如水泥 320kg、砂 730kg、石子 1220kg、水 175kg；以各组成材料相互之间的质量比来表示，以水泥为 1 计，如将上例换算成质量比：水泥：砂：石＝1：2.28：3.81，w/c＝0.55。

（1）混凝土配合比设计的基本要求

设计混凝土配合比的任务，就是根据原材料的技术性能及施工条件，合理选择原材料并确定出能满足工程所需用的技术经济指标的各项组成材料的用量。具体说，混凝土配合比设计的基本要求是：

1）满足混凝土结构设计的强度等级。

2）满足施工所要求混凝土拌合物的和易性。

3）若对混凝土还有其他技术性能（如抗冻等级、抗渗等级和抗侵蚀性等）要求也须满足。

4）做到节约水泥和降低混凝土成本。

（2）混凝土配合比中的三个参数

混凝土配合比设计，实质上就是确定水泥、水、砂与石子这四项基本组成材料用量之间的三个比例关系。即水与水泥之间的比例关系，常用水灰比表示；砂与石子之间的比例关系，常用砂率表示；水泥浆与集料之间的比例关系，常用单位用水量（1m³ 混凝土的用水量）来反映。水灰比、砂率、单位用水量是混凝土配合比的三个重要参数，因为这三个参数与混凝土的各项性能之间有着密切的关系，在配合比中正确地确定这三个参数，就能使混凝土满足上述设计要求。

第二节　混凝土的可泵性

混凝土的可泵性是指：新拌混凝土可采用混凝土泵输送，高效率进行混凝土浇筑施工。可泵性是一种定义的说法，可泵送的混凝土坍落度一般大于 160mm，砂浆含量不能太低，最大骨料粒径不超过泵送管道直径的三分之一，在泵送过程中不离析，不堵管。在一定的泵压下，混凝土能够输送的距离越远或越高，发生堵管的概率越低，则混凝土的可泵性越好。

1. 泵送混凝土的基本要求

由于采用混凝土输送机械进行混凝土浇筑施工与传统的混凝土施工方法不同，因而，对混凝土的要求在满足设计规定的强度、耐久性等要求的同时，还要满足管道输送时对混凝土拌合物的要求，即要求混凝土拌合物有较好的可泵性，要求其流动性好，粗骨料最大粒径与输送管径之比为 1∶3～1∶4，为此需加入防止混凝土拌合物在泵送管道中离析和堵塞的泵送剂，以及使混凝土拌和物能在泵压下顺利通行的外加剂：如减水剂、塑化剂、加气剂以及增稠剂等泵送剂。有时还需加入适量的混合材料（如粉煤灰等），可避免混凝土施工中拌合料分层离析、泌水和堵塞输送管道等现象。

泵送混凝土配合比的相关要求

泵送混凝土配合比应满足《混凝土泵送施工技术规范》JGJ/T 10—2011（参见附录）的要求：

泵送混凝土配合比，除必须满足混凝土设计强度和耐久性的要求外，尚应使混凝土满足可泵性要求。

泵送混凝土配合比设计，应符合国家现行标准《普通混凝土配合比设计规程》《混凝土结构工程施工及验收规范》《混凝土强度检验评定标准》和《预拌混凝土》的相关规定。并应根据混凝土原材料、混凝土运输距离、混凝土泵与混凝土输送管径、泵送距离、气温等具体施工条件试配。必要时，应通过试泵送确定泵送混凝土配合比。

混凝土的可泵性，可用压力泌水试验结合施工经验进行控制。一般 10s 时的相对压力泌水率不宜超过 40％。

泵送混凝土的坍落度，可按国家现行标准《混凝土结构工程施工质量验收规范》GB 50204 的规定选用。对于不同泵送高度，入泵时混凝土的坍落度，可按表 7-1 选用。混凝土经时坍落度损失值，可按表 7-2 确定。

不同泵送高度入泵时混凝土的坍落度   表 7-1

泵送高度（m）	30 以下	30～60	60～100	100 以上
坍落度（m）	100～140	140～160	160～180	180～200

混凝土经时坍落度损失值   表 7-2

大气温度（℃）	10～20	20～30	30～35
混凝土经时坍落度损失值（掺粉煤灰和木钙，经时 1h）	5～25	25～35	35～50

注：掺粉煤灰与其他外加剂时，坍落度经时损失值可根据施工经验确定。无施工经验时，应通过试验确定。

泵送混凝土配合比其他要求：

1）泵送混凝土的水灰比宜为 0.4～0.6。

2）泵送混凝土的砂率宜为 38%～45%。

3）泵送混凝土的最小水泥用量宜为 300kg/m³。

4）泵送混凝土应适量参加外加剂，并应符合国家现行标准《混凝土泵送剂》的规定。外加剂的品种和掺量宜由试验确定，不得任意使用。

5）掺用引气剂型外加剂的泵送混凝土的含气量不宜大于 4%。

6）掺用粉煤灰的泵送混凝土配合比设计，必须经过试配确定，并符合国家现行标准规定。

因此，不是所有混凝土拌合物都能泵送，泵送有其一定的要求。所以在原材料选择和配合比方面要慎重考虑，以求配制出可泵性良好的混凝土拌合物。

2. 泵送混凝土原材料的选择

（1）粗骨料

由于我国目前的粗骨料生产，有时未严格符合泵送混凝土施工要求的级配曲线（图 7-3）规定的要求，因而有时影响泵送性能。在进行混凝土泵送施工时，要严格检查进场的粗骨料的级配，如发现有不符合之处，则测定级配后按规程要求的级配曲线

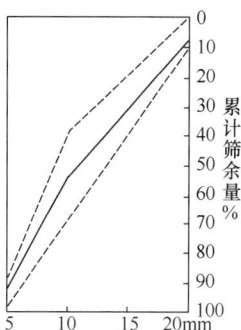

图A-1粗骨料5～20mm
最佳级配图

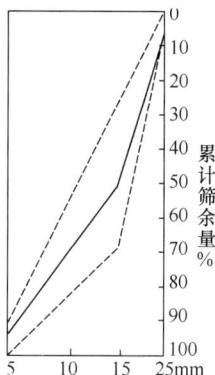

图A-2粗骨料5～25mm
最佳级配图

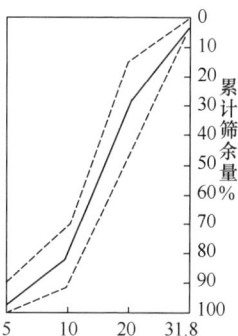

图A-3粗骨料5～31.8mm
最佳级配图

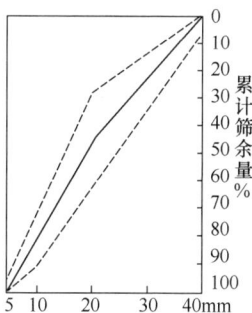

图A-4粗骨料5～40mm
最佳级配图

图 7-3 粗骨料最佳级配图

进行配制。粗骨料应采用连续级配。

粗骨料除了级配应符合规程的规定之外，对其最大粗径亦有要求，即粗骨料的最大粒径与混凝土输送管径之比要控制在一定数值之内。控制粗骨料最大粒径与混凝土输送管径之比，目的主要是防止混凝土拌合物泵送时管道堵塞，保证泵送顺利进行。

由表 7-3 中数据知道，粗骨料最大粒径与输送管径之比为 1∶4～1∶3。对直径 120～150mm 的输送管，限制石子的最大粒径为 40mm 亦近似 1∶3。

输送管最小直径	粗骨料最大直径（mm）	
（mm）	卵石	碎石
125	40	30
150	50	40

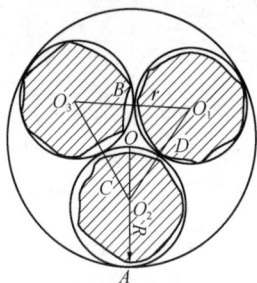

图 7-4　输送管内三个
石子相遇卡紧

从理论上研究，输送管阻塞最易发生在三个大石子在同一截面相遇卡紧（图 7-4），此时输送管截面积的大部分为石子占据，可流通的面积很小。一般说来粗骨料粒径愈大愈容易堵塞，所以在确定粗骨料最大粒径与输送管径之比时，尚应考虑泵送高度，根据《混凝土结构工程施工质量验收规范》的规定及我国一些城市的施工经验，我国混凝土泵送施工技术规程建议粗骨料最大粒径与输送管径之比为：泵送高度在 50m 以下时，对碎石不宜大于 1：3 对卵石不宜大于 1：2.5；泵送高度在 50～100m 时，宜为 1：4～1：3；泵送高度在 100m 以上时，宜为 1：5～1：4。

粗骨料的形状对混凝土拌合物的泵送性能亦产生影响，一般表面光滑的圆形或近似圆形的粗骨料比尖锐扁平的要好，因为后者单位体积的表面积比前者大，需要更多的砂浆去包裹其表面。为此，针片状颗粒含量多和石子级配不好时，输送管道转弯处的管壁往往易磨损，且针片状颗粒一旦横在输送管中，易造成输送管堵塞。

实践证明，当针片状颗粒含量超过 10％时，混凝土拌合物泵送时易产生管道堵塞，为此，我国的混凝土泵送施工技术规程规定，粗骨料应符合国家现行标准《普通混凝土用碎石或卵石质量标准及检验方法》，粗骨料中针片状颗粒含量不宜大于 10％。

（2）细骨料

细骨料对混凝土拌合物可泵性的影响比粗集料大得多。混凝土拌合物所以能在输送管中顺利流动，是由于砂浆润滑管壁和粗集料悬浮在砂浆中的缘故。因而要求细骨料有良好的级配。

我国现行《混凝土泵送施工技术规程》提供的细骨料最佳级配如图 7-5 所示。根据国家现行标准《普通混凝土用砂石、质量及检验方法标准》的有关规定；采用 JGJ 52—2006 标准规定的二区级配，以及我国的实际施工经验，亦多采用现行砂标准中的二区级配。

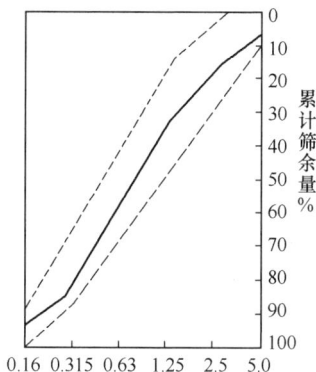

图 7-5　细骨料最佳级配曲线

我国多数工程实践证明，采用中砂适宜泵送，个别工程亦有采用中、粗砂的，故规程亦规定泵送混凝土宜采用中砂。

细骨料根据来源可分为河砂、海砂、山砂、人工碎砂。河砂作为细骨料可泵性最好，人工砂表面粗糙，砂形不好，可泵性较差，但其保水性较好。

1）细骨料的粒度要求

细骨料可分为粗砂、中砂、细砂和特细砂四类，其中中砂可泵性最好；使用细砂，需要增加混凝土中水泥和水用量，使用粗砂容易产生离析，导致管道堵塞。所谓中砂是指细度模数为 2.3～3.0 范围内的砂子。

2）细骨料的用量

在泵送混凝土中，细骨料的用量同粗骨料的空隙率有很大关系，水泥砂浆必须充满粗骨料的间隙，这样不容易离析。如果含砂率偏低，空隙要由水泥来填充，这样必须增大水泥的用量，且混凝土易泌水和离析；如果含砂率过大，则水泥砂浆的流动性大大降低，泵送阻力显著增加，故在一定条件下都有一个最佳含砂率。在含砂率高的情况下，泵送阻力显著增加，但对混凝土的可泵性无显著影响。如果粗骨料级配合理，则骨料最大粒径越大，最佳含砂率就越低。

含砂率最小应不低于40%，否则泵送难度会加大。

（3）水泥

1）水泥品种对混凝土的可泵性的影响。水泥的品种有：硅酸盐水泥、普通硅酸盐水泥以及矿渣硅酸盐水泥、粉煤灰硅酸盐水泥。我国在大体积混凝土泵送施工中，多数采用矿渣硅酸盐水泥。

2）水泥用量对混凝土的可泵性的影响

水泥用量一般也存在一个最佳值。若水泥用量不足，将严重影响泵的吸入性能，同时使泵送阻力明显增加，并且混凝土保水性很差，容易泌水、离析和发生堵管；若水泥用量过大，则会使混凝土黏性过大，增大泵送阻力。但水泥用量过大时不会影响泵的吸入性能。

水泥用量与输送管口径、输送距离的关系：输送距离越长，输送管口径越小，则要求混凝土的流动性、润滑性、保水性越高，故应增大水泥用量。一般实际应用中，水泥用量最低限度为每立方米混凝土不少于 $300\sim320kg$ 为宜。

（4）混合材料

混凝土的混合材料，是除去水、水泥、粗细集料四种主要材料之外，在搅拌时所加入的其他材料。

混合材一般分为外加剂和掺合料两大类。用于泵送混凝土的外加剂，主要有减水剂和引气剂两类，特殊情况下，如对于大体积混凝土，为防止产生收缩裂缝有时需掺入适量的膨胀剂。

第八章　混凝土泵送机械的基本构造及工作原理

第一节　液压系统基本知识

液压系统是利用封闭系统中的受压液体来传递运动和动力的一种方式。

1. 液压系统的组成

液压系统由五个部分组成，即动力元件、执行元件、控制元件、辅助元件（附件）和液压油。

液压系统可分为两类：液压传动系统和液压控制系统。液压传动系统以传递动力和运动为主要功能。液压控制系统则要使液压系统输出满足特定的性能要求（特别是动态性能），通常所说的液压系统主要指液压传动系统。在各种机器上广泛应用着的液压系统，使用具有连续流动性的油液（即液压油），通过液压泵把驱动液压泵的电动机或发动机的机械能转换成油液的压力能，经过各种控制阀，送到作为执行元件的液压缸或液压马达中，再转换成机械动力去驱动负载。

（1）动力元件

动力元件的作用是将原动机的机械能转换成液体的压力能，指液压系统中的油泵，它向整个液压系统提供动力。液压泵的结构形式一般有齿轮泵、叶片泵、柱塞泵和螺杆泵等。一般由电动机或发动机作为原动机。

（2）执行元件

执行元件是将液压能转换为机械能做直线或往复运动的能量转换装置。主要由有液压缸和液压马达等。

1) 液压缸可分为：活塞缸、柱塞缸、伸缩缸、组合液压缸等。

2) 液压马达可分为：高速马达、中速马达和低速马达等。

（3）控制元件

控制元件是用于控制和调节工作液体的压力高低、流量大小以及改变流量方向的元件。

控制元件按其用途分类有：

方向控制阀，方向控制阀可分为：单向阀、梭阀和换向阀等。

压力控制阀：压力控制阀可分为：溢流阀、减压阀、顺序阀等。

流量控制阀：流量控制阀可分为：节流阀、调整阀和分流集流阀等。

（4）辅助原件

辅助元件包括油箱、滤油器、冷却器、加热器、蓄能器、油管及管接头、密封圈、快换接头、高压球阀、胶管总成、测压接头、压力表、油位计、油温计等。

（5）液压油

液压油是液压系统中传递能量的工作介质，在液压系统中起着能量传递、抗磨、系统润滑、防腐、防锈、冷却等作用，有各种矿物油、乳化液和合成型液压油等几大类。目前国内混凝土泵车常用液压油为 HM-46 抗磨液压油，夏季推荐使用 HM-68 号液压油。

2. 液压系统的分类方式

按照液压回路的基本构成可以把液压系统划分为开式系统和闭式系统；按照液压系统的主要功用可分为传动系统和控制系统；按实现速度控制的方式可分为阀控制和泵控制；按换向阀中位状态可分为开中位和闭中位；按系统的用途可分为固定设备用和车辆用等。

现将开式系统、闭式系统、阀控制、泵控制举例说明。见

表 8-1。

液压系统控制方式举例说明 表 8-1

类别	说　明
开式系统	泵从油箱抽油，经系统回路返回油箱 应用普遍 油箱要足够大
闭式系统	马达排出的油液返回泵的进油口 多用于车辆的行走驱动 用升压泵补油，并且用冲洗阀局部换油
阀控制	通过改变节流口的开度来控制流量，从而控制速度，按节流口与执行元件的相对位置可分为进口节流、出口节流和旁通节流
泵控制	通过改变泵的排量来控制流量，从而控制速度。效率较高

开式系统是指液压泵从油箱吸油，油经各种控制阀后，驱动液压执行元件，回油再经过换向阀回油箱。这种系统结构较为简单，可以发挥油箱的散热、沉淀杂质作用，但因油液常与空气接触，使空气易于渗入系统，导致机构运动不平稳等后果。开式系统油箱大，油泵自吸性能好。

闭式系统中，液压泵的进油管直接与执行元件的回油管相连，工作液体在系统的管路中进行封闭循环。其结构紧凑，与空气接触机会少，空气不易渗入系统，故传动较平稳。工作机构的变速和换向靠调节泵或马达的变量机构实现，避免了开式系统换向过程中所出现的液压冲击和能量损失。但闭式系统较开式系统复杂，因无油箱，油液的散热和过滤条件较差。为补偿系统中的泄漏，通常需要一个小流量的补油泵和油箱。由于单杆双作用油缸大小腔流量不等，在工作过程中会使功率利用下降，所以闭式系统中的执行元件一般为液压马达。

液压系统是以油液为介质传递动力的，应按要求选用合适牌号的液压油。在正确选液压油后，还应特别注意使用中保持油液清洁，防止混入杂质污物，否则就会使液压系统产生各种故障。

这一点在生产中往往容易被忽视。

液压系统中所采用的泵、阀、缸或油马达等液压元件，其相对运动副间都有很好的配合表面，加工精度和表面光洁度高；另外，在液压元件中有许多道、节流缝隙、阻尼，如果油液中混入杂质污物，就会划伤表面，加剧磨损，使泄漏增加；出现杂质将阀芯卡死，不能正常移动，造成阀芯动作失灵的现象；有可能使节流孔或阻尼孔堵塞，油液不能畅通，使液压元件不能正常工作，会使油箱滤清器很快堵塞，失去滤清作用，造成油泵吸空或系统超载的故障；污物还会使油液很快变质，失去应有的良好性能。

实践已经证明，液压系统发生故障的原因，多数是由于油液中杂质污物所造成的。因此，经常保持用油清洁，是维护好液压系统，保证正常工作，延长使用寿命的重要措施。

第二节　电气基础知识

自从 19 世纪以电力发明及其广泛应用为标志的第二次科技革命以来，人类生活进入了电气时代。小至生活照明，大到现代化大工业生产，电能在现代工业、农业、科学技术以及国民经济等各个领域有着广泛的应用。

1. 电气系统图形符号及基本规定

（1）常用电气元件图形符号（图 8-1）（GB 4728.7—2008）

（2）电气系统图形符号的基本规定

为了简化电气原理图的绘制，电气系统中各元件可采用符号来表示。现行电气系统图形符号的基本规定如下：

1）符号只表示元件的功能、连接系统的通路，不表示元件的具体结构和参数，不表示系统线路的具体位置及元件的安装位置。

2）符号均以元件的静止位置或零位置表示。当系统的动作另有说明时，可作例外。

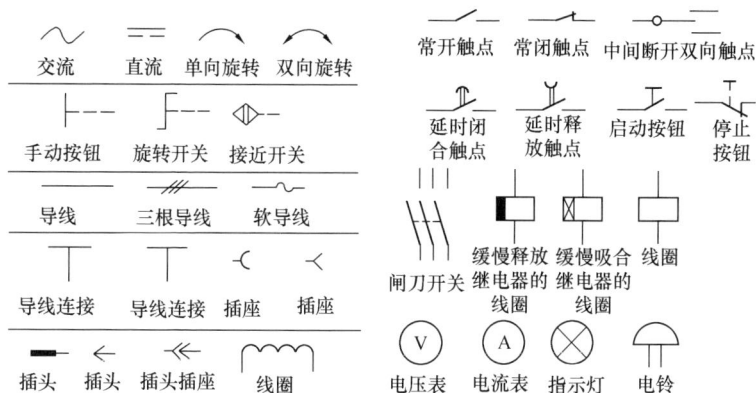

图 8-1　常用电气元件图形符号

3）符号在系统中的布置，除有方向性的元件符号（如仪表等）外，根据具体情况，可以水平和垂直绘制。

4）元件的名称、型号和参数（如电压、电流、功率、线型等），一般在系统图的元件表中标明。必要时，也可标注在元件符号旁边。

5）对于标准中没有规定的图形符号，允许局部采用结构简图表示。

2. 常用电气元件

（1）空气开关

空气开关又称自动空气断路器，当电路发生严重超载、短路等故障时，能够自动切断故障电路，有效保护串联在它后面的电气设备。通常可用于不频繁接通和断开的电路。空气开关具有操作可靠，动作值可调整，能做成兼具短路保护和过载保护两种功能，分断能力较强以及动作过后不需要更换零部件等优点。如图 8-2 所示。

图 8-2　空气开关

（2）熔断器

熔断器是一种结构简单、使用方便、价格便宜的保护电器。熔断器的熔体都有两个参数：额定电流与熔断电流，所谓额定电流是指长时间通过熔体而不熔断的电流。熔断电流一般是额定电流的两倍。

图 8-3　交流接触器

这里必须指出的是，当熔断器熔丝烧断后，应在找出烧断原因后，更换相同规格的熔丝，严禁用其他的金属丝代替熔断丝。

（3）交流接触器

交流接触器是用来频繁地接通或断开电路的切换控制电器。常用于电源电路自动控制系统和电动机的启动、停止、和正反转控制。如图 8-3 所示。

（4）Y-△转换启动器（图 8-4）

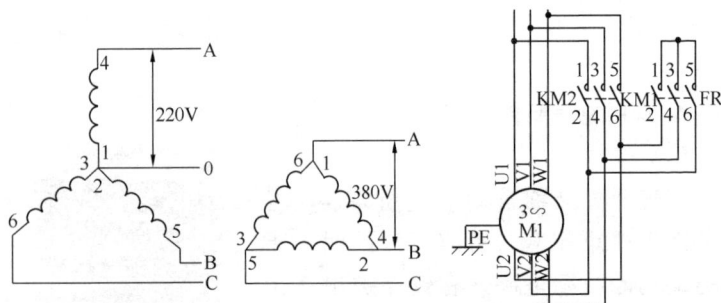

图 8-4　Y-△启动器原理图

利用三相异步电动机绕组端头接线方式的改变，使其在启动时接成星形，正常运转时转换成三角形，以减小启动电流，属于低转矩直接启动的一种方式。

自动 Y-△启动器是由两只接触器，一只时间继电器组成。

当 KM1 触头闭合。电机绕组为 Y 形；当 KM1 断开，而 KM2 触头闭合时，电机定子绕组接成△形。电机绕组接成 Y 形启动时的电流仅为接成△形启动时电流的 1/3，从而可以有效地限制启动电流，但启动转矩也随之减少到 1/3，Y-△启动器多用在启动设备的转矩不大于电机启动转矩的 1/3 的场合，功率不大于 125kW 的三相异步电动机。

（5）控制继电器

1）中间继电器

它的结构与接触器相同，由于它的接通电流小，无需灭弧装置。如图 8-5 所示。

2）时间继电器

时间继电器线圈接收到信号之后，其内部辅助触点会立即动作，但延时触点不会马上动作，而是要延长一段时间后才会动作的继电器。时间继电器可分为空气阻尼式、电磁式和电子式。电磁式时间继电器是在电磁式控制继电器上加装磁阻尼或机械阻尼装置构成。其输出可以是有触点，也可以是无触点式的。如图 8-6 所示。

图 8-5　中间继电器 　　　　　图 8-6　时间继电器

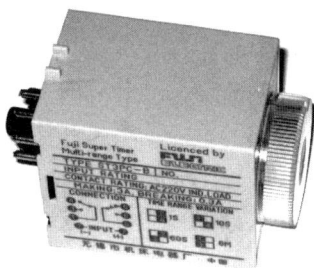

3）温度继电器

用来保护电动机，使之不因过热而烧坏的保护电器。温度继电器的传感元件被预埋在电动机的发热部位，直接反映该处的发热状况，当温度达到一定值时，切断电动机电源。

(6) 接近开关、非接触式触发元件

接近开关有电感式、电容式、超声波式和干簧管式等形式，用得最多的是电感式和电容式两种。电感式和电容式接近开关的最大动作距离一般不超过 50mm。

(7) 电磁铁

电磁铁是一种接电后，把电磁能转换为机械能的电器。如图 8-7 所示。

电磁铁主要用在电磁阀、电液阀上，当一边电磁铁获得输入的电信号后，线圈接电使铁芯磁化而产生电磁吸力，使衔铁产生能够克服反力弹簧所产生的平衡力，而使阀芯向一边运动，完成电磁阀换向功能。直流电磁铁安全可靠性高，动作稳定，使用寿命比交流电磁铁长。

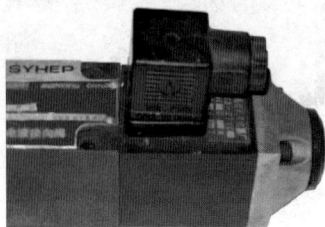

图 8-7 电磁铁

由于混凝土泵在工作时电磁阀、电液阀换向工作频率高，电磁铁的相对故障增多，对电磁铁的性能、寿命要求提高，所以通常采用直流电磁铁。

(8) 按钮开关

按钮开关是一种专门发送指令的电器，用于接通或断开控制电路回路的电流，以保证控制电路的接通和断开。

(9) 控制变压器

用来降低控制电路或辅助电路电压，满足一些电气元件的电压要求，保证控制电路安全可靠工作。

3. 电气原理图

将各种电气元件用规定的符号表示，按主电路和控制电路相互分开及各元件的动作顺序所绘制线路路图，称为电气原理图。

电气原理图的特点：

电气原理图一般分为：主电路和控制电路两大部分，他们是既分开又有联系的。主电路用粗线条表示，控制电路用细线条表示。各种电气元件如接触器、开关按钮等均未通电、手柄置于零位、没有受到外力作用、工作机械处于原始位置的情况来表示。

为了方便安装和检修，在原理图中各元件的连接导线都要编号。将电器的线圈、接点分开，分别画在所属的电路中，将整个电路的电压等级、交、直流回路展开，画成几个独立部分。

4. 阅读电气原理图方法

阅读电气原理图，要了解和熟悉电气元件的工作原理和用途，据此来分析各电气元件所起的作用。

一张图纸上标注了许多各种电气元件、线路、图形符号以及文字符号，对这些符号所代表的电气元件要熟悉，对照符号检查一下电气元件，搞清其名称、型号、规格，要善于将图纸上的抽象符号转化为具体元件。

在电气原理图中，同一元件的触点和线圈画在不同的回路中，在阅读某一回路时，一般来说，应该是遇到接点去找线路图，判断出接点是通还是断。在电气原理图中，各种接点都是按起始位置画的，但读图时，不能都按起始状态来阅读，而必须按图纸所表现的内容选择某一状态来阅读，在读复杂电气电气图时，使用状态分析图很有帮助。

阅读电气原理图顺序：先看主电路，再看控制电路。控制电路中一般有：控制元件、保护元件和监督元件，要弄清该控制电路主要控制的主电路，在读图中有个别问题一时难于弄清楚时，可暂时放下，待阅读其他电路后，则可能清楚明了。

第三节　混凝土泵送机械基本知识

1. 混凝土泵送设备简介

混凝土泵是一种通过管道压送混凝土，进行水平和垂直运输并浇筑混凝土的施工机械。在混凝土工程施工过程中，混凝土的运输和浇筑是一项关键性的工作。它要求迅速、及时、保证质量和降低劳动消耗。尤其是对于一些混凝土量很大的大型钢筋混凝土构筑物,如何正确选择混凝土运输工具和浇筑方法就更为重要。混凝土泵的出现及泵送施工所具有的优越性得到认识后,人们愈来愈重视使用混凝土泵。

混凝土泵送设备主要包括自行式和拖式混凝土泵车。

自行式混凝土泵分为车载式混凝土泵和具有臂架的混凝土泵车。它是输送混凝土的施工设备,能一次性连续完成水平运输和垂直运输,效率高、劳动力省、综合费用低,尤其对于一些泵送距离远、工地狭窄和有障碍物的施工现场,用其他运输工具难以直接靠近施工工程,混凝土泵则更具突出的优势。

我国拖式混凝土泵的生产在 20 世纪 50 年代就有起步,但由于生产技术落后,一直到 20 世纪 90 年代初期,我国混凝土泵送机械市场的 90% 以上为国外厂家占据,但一些知名企业的快速发展,目前国外品牌的混凝土"拖泵"已基本退出我国市场。目前我国的混凝土泵送设备技术已经站在世界的前端。

混凝土泵车是自带底盘和布料臂架的输送混凝土的施工设备,具有机动灵活、方便高效、安全环保、施工劳动强度低等特性,在近年的建筑施工中,尤其是城市建筑施工中采用。

车载式混凝土泵作为拖式混凝土泵和混凝土泵车的中间产品,具有补充市场需要的作用,能满足用户的特性需求,目前在城市施工中逐步应用。

臂架混凝土泵是专门为满足大型工程而设计的输送混凝土的施工设备,带有简单自行装置,在工地上可以短距离的自行移动,随着市场发展,臂架式混凝土泵在市面上得到了大力推广和使用。

混凝土泵的每一部分均由不同的机构或零件组成,都承担不同的功能,了解并掌握混凝土泵的每一部分基本结构及其工作原理,对混凝土泵的正确使用和维修有很大的帮助。其中混凝土泵送机构是整台混凝土泵最主要的部分。

2. 混凝土泵的泵送机构

混凝土泵的泵送机构是把液压能转换为机械能的动力执行机

构，其功能是推动混凝土使其克服管道阻力而达到浇注部位。

（1）活塞式 S 管阀混凝土泵构造与工作原理（图 8-8）

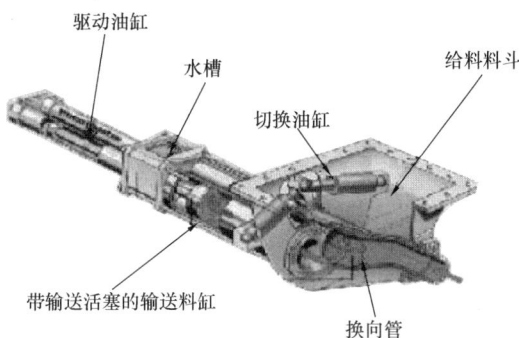

图 8-8　活塞式 S 管阀混凝土泵结构原理图

泵送机构是由动力部分、洗涤室、工作部分等组成。动力部分即主油缸，工作部分即混凝土缸，洗涤室的作用是支持连接主油缸与混凝土缸，并在其中盛水对混凝土缸进行清洗、冷却、润滑等。

泵送混凝土时，在主油缸和分配阀油缸驱动下，若左侧混凝土缸与料斗连通，则右侧混凝土缸与分配阀连通。若油压使左侧混凝土缸向后移动，将料斗中的混凝土吸入该侧混凝土缸（吸料缸），同时油压使右侧混凝土缸活塞向前移动，将该侧混凝土缸（排料缸）中的混凝土推入分配阀，经混凝土输送管道输送到浇筑现场。当左侧混凝土缸活塞后移至行程终端时，触发水箱中的换向装置，两主油缸油压换向，分配阀油缸使分配阀与左侧混凝土缸连接，该侧混凝土缸活塞向前移动，将混凝土推入分配阀，同时，右侧混凝土缸与料斗连通，并使该侧混凝土缸活塞后移，将混凝土吸入混凝土缸。

左侧混凝土缸活塞后移至行程终端时，触发换向装置，油缸换向，右侧混凝土缸活塞向前推送，开始下一轮泵送循环，从而实现连续泵送混凝土。以上情形为混凝土的正泵状态（图 8-9a）。

当混凝土泵出现泵送不顺，发生堵塞或需将泵（或泵车）暂

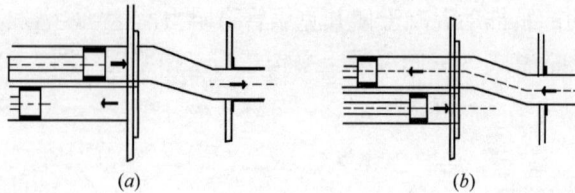

图 8-9 混凝土的泵送状态

(a) 正泵状态；(b) 反泵状态

停，将输送管（或布料杆）内的混凝土抽回料斗时，可通过液压系统控制分配阀，使吸料缸口与输送管道相接，从而使混凝土料抽入混凝土缸体内。而处于排料工位的混凝土缸，则将混凝土抽回料斗中，同步完成吸排料动作后，分配阀换向，开始下一个吸排料过程，从而实现反抽的连续工作循环。以上情形为混凝土泵的反泵状态（图 8-9b）。

(2) 主要部件和零件

1) 主油缸（图 8-10）

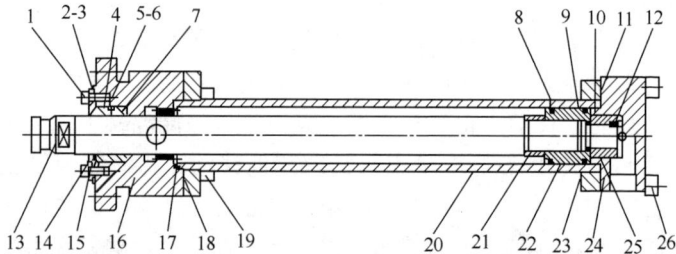

图 8-10 主油缸

1—螺钉；2—挡圈；3—油封；4—衬套；5—挡圈；6—油封；7—无油润滑轴承；8—活塞；9—O 形密封圈；10—挡圈；11—O 形密封圈；12—螺钉；13—活塞杆；14—防尘圈；15—压板；16—缸头；17—O 形密封圈；18—挡圈；19—螺钉；20—缸体；21—缓冲套；22—导向带；23—格来圈；24—缸盖；25—螺母；26—螺钉

主油缸由油缸体、油缸活塞与活塞杆、油缸盖、缓冲装置等组成。

78

主油缸的特点是：其换向频繁冲击大，一般设有缓冲装置。另外，活塞杆不仅与油液接触，它还与水、水泥浆、泥浆等接触，为了改善活塞杆的耐磨和耐腐蚀性能，在其表面上镀上一层硬铬。

2）混凝土输送缸（图 8-11）

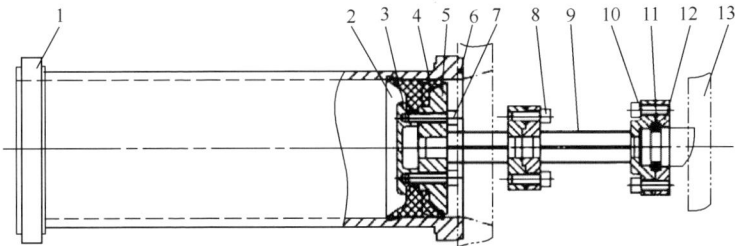

图 8-11　混凝土输送缸

1—缸体；2—端部活塞；3—压板；4—密封活塞；5—法兰组件；6—O 形圈；
7-8—螺钉；9—连杆；10—螺钉；11—卡圈；12—法兰；13—洗涤室

混凝土缸后端与洗涤室连接，前端与分配阀箱体连接并通过托架与机架固定。主油缸活塞杆伸入到混凝土缸内，活塞杆前端装有混凝土缸活塞。不同型号、不同厂家的混凝土泵，其混凝土缸的尺寸、连接方式也不一样。混凝土缸可用无缝钢管制造。由于混凝土缸同混凝土及水长期接触，承受着剧烈的摩擦及酸、碱物质的化学腐蚀，因此，在混凝土缸内壁镀有硬铬层，或经特殊热处理以提高其耐磨性能及抗腐蚀性能。

混凝土缸活塞是一个将耐磨橡胶与钢制的活塞镶片浇铸成整体的组合件。活塞镶片通过螺栓同活塞靠盘固定在一起，活塞靠盘的外表面也经过镀铬以防腐蚀。如图 8-12 所示。

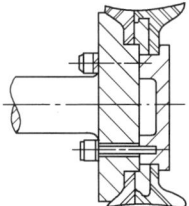

3）水箱（洗涤室）

水箱是用钢板焊成，既是储水容器，又是主油缸与混凝土缸的支持连接构件。水箱上部有盖，打开窗盖可以加水并清洗水箱内

图 8-12　混凝土缸
活塞总成

部。水箱上还有一个水标尺，用来观察水位，水箱底部有放水口。

在泵送机构工作时，水在混凝土缸后部随着橡胶活塞来回流动，所起的作用是：（1）清洗作用清洗混凝土缸壁上每次泵送后残存的灰浆，以减少混凝土缸及橡胶活塞的磨损；（2）冷却润滑作用冷却润滑混凝土缸橡胶活塞、活塞杆及活塞杆密封部位。水箱和混凝土缸整个系统的容水量约100L。

4）料斗和搅拌机构（图8-13、图8-14）

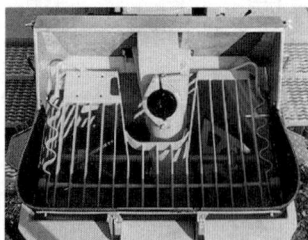

图 8-13　料斗装置外形图　　　图 8-14　搅拌装置外形图

① 料斗部分

料斗部分包括料斗体、防溅板、方格网及料斗门。料斗体是用钢板焊成，也有铸钢形式的料斗体。料斗体两侧壁焊有加强的圆板，圆板中间的孔是为了安装搅拌轴承用的。料斗后壁与混凝土缸连通，料斗下部有卸料门以便进行检查和清洗用。混凝土泵作业时，要将防溅板竖起，防止料斗进料时，混凝土灰浆溅到混凝土泵的其他部位。混凝土泵不工作时，把防溅板放倒，盖在料斗上部，可避免杂物进入料斗。方格网一般是用圆钢焊成，分成两个互相铰接的部分，搁在料斗上部。网格的后端同料斗后上部两侧铰接，需要时，可将半块或整块方格网向上翻转。

设置方格网是为了防止混凝土中的超粒径骨料或其他杂物进入料斗，以减少泵送故障，保护机件，同时也是为了保障人身安全。

料斗是混凝土泵的中转承料器。它的用途是当混凝土运输设备向混凝土泵供料的速度同混凝土泵的输送速度不能完全一致时，料斗可以起到中间调节作用。

② 搅拌装置

搅拌装置包括搅拌轴部件、轴承和轴承密封件、传动装置及润滑装置四部分。图 8-15 为混凝土泵的一种搅拌装置。

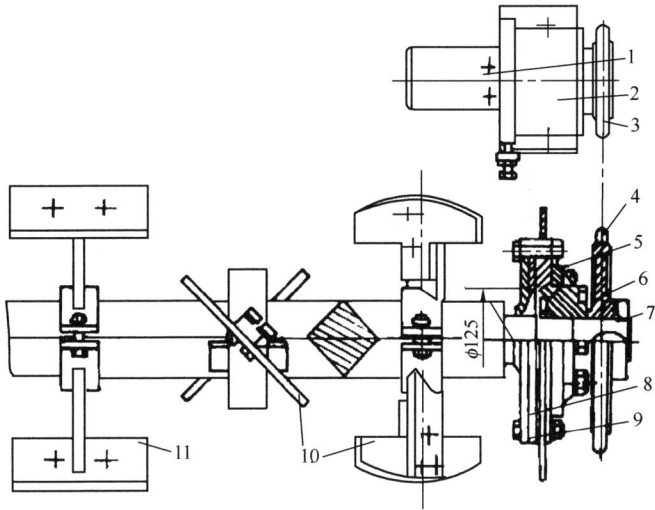

图 8-15　搅拌装置

1—液压马达；2—液压马达支座；3—主动链轮；4—被动链轮；

5—轴承座；6—搅拌轴承；7—搅拌轴；8—密封盘；9—压圈；

10—两侧搅拌叶；11—中间搅拌叶片

A. 搅拌轴部件

搅拌轴部件由搅拌轴、搅拌叶片及搅拌叶片座等组成。

搅拌轴用方钢制成（也有用圆钢的形式），上面焊有定位挡板。装在搅拌轴上的五副搅拌叶片靠这些定位挡块作轴向定位。搅拌轴两端为圆形断面，与两端橡胶密封盘、搅拌轴承及大链轮（被动链轮）孔配合。

搅拌叶片和搅拌叶片座共有五副（若料斗内有管形阀，则搅拌器数目要少），分为中间的和两侧的两种。它们安装后，中间搅拌叶片同搅拌轴轴线平行，两侧搅拌叶片则同搅拌轴轴线成45°。左侧和右侧搅拌叶片的安装方向相反，其方向应是当搅拌轴正转时把混凝土从料斗两侧赶向中间部位。搅拌轴的正转方向，从链轮端看应当是逆时针旋转。

对于大排量的混凝土泵，其搅拌装置可采用大螺旋叶片，使混凝土能直接被送到混凝土缸吸料口。

B. 搅拌轴轴承及其密封件

搅拌轴是靠两端的轴承、轴承座支承的。搅拌轴承采用调心球轴承，轴承与搅拌轴装配后，用紧固螺钉锁紧。搅拌轴轴承座用耐磨铸铁或球墨铸铁铸造，轴承座用螺栓固定在料斗上。轴承座外部还有一个装黄油嘴的螺孔，其孔道通到轴承座的内腔。为了防止料斗内的混凝土浆进入搅拌轴承，在料斗内紧靠搅拌轴承处装有橡胶密封盘。

密封盘的内孔紧套在搅拌轴轴颈上。密封盘内侧有钢制的压圈，压圈用螺栓固定在料斗侧壁，并把料斗侧壁与压圈之间的密封盘夹紧。在正常情况下，橡胶密封盘面向搅拌轴承的外侧空腔是充满黄油的，而密封盘的内侧则与料斗里的混凝土接触。

C. 搅拌轴传动装置

搅拌轴传动装置的形式有两种，一种是液压马达通过机械减速后驱动搅拌轴；另一种是液压马达直接驱动搅拌轴。而机械减速的方式又有链传动、蜗轮蜗杆传动以及齿轮传动。

D. 搅拌装置的润滑

每个搅拌轴承座上都有一根紫铜黄油管与一个集中供油的润滑油泵相连接。润滑油泵可向两个搅拌轴承座的内腔注油。

搅拌装置的功用：

a. 搅拌装置对混凝土进行二次搅拌，可以改善混凝土的可泵性。

b. 搅拌装置还有向混凝土分配阀和混凝土缸喂料的作用，以提高混凝土泵的吸入效率。

5）混凝土分配机构

① 对混凝土分配阀的要求：混凝土分配阀（又称换向阀、

吸排料转换阀）的功用是控制料斗、两个混凝土缸及输送管道中的混凝土流道。

A. 分配阀对混凝土的适应性要求一个良好的分配阀对混凝土的适应性强，可泵送混凝土的范围要宽。目前一般的分配阀适应于 5～23cm 坍落度混凝土的泵送，但也有些厂家的分配阀可泵送坍落度小于 5cm 的干硬性混凝土。

B. 分配阀的阀室形状，一个合理的分配阀的阀室形状应是混凝土的流道短，阀的截面变化不大，进料口的尺寸尽可能大，同时进出料流道变化缓慢，没有死角。这样的阀在泵送混凝土（特别是干硬性混凝土）时可以提高泵的容积效率，减少压送阻力和吸入阻力，避免混凝土在阀门处堵塞。

C. 分配阀的寿命由于阀与混凝土直接接触时极易磨损，因此就要求阀有较好的耐磨性。目前较好的混凝土分配阀使用寿命可泵送 6～8 万 m^3 混凝土。

D. 分配阀的密封性的好坏，与磨损大小有关。磨损后间隙加大时，容易产生漏浆现象，使混凝土失水而较易堵塞。所以在选择阀时要注意阀的密封性能和磨损后的调整修复是否容易，特别是在混凝土质量不好的情况下，对阀的密封性更须重视。

E. 分配阀的换向要求分配阀的换向动作要协调、及时、快速。如果换向动作较慢，容易产生混凝土从输送管向工作缸倒流，使容积效率降低，阀的磨损加快。这在垂直泵送时尤为明显。分配阀的换向时间取决于两个因素，一是阀的运动轨迹距离要尽可能短；二是阀的换向速度要尽可能快。如果阀是液压驱动的，则要求液压系统有足够的压力和流量。一般换向动作应在 0.15～0.3s 内完成。

F. 分配阀的结构阀的结构应尽可能简单，便于维修、保养和更换。

G. 分配阀对集料与搅拌装置的影响分配阀的设计应使料斗容易布置，有较好的集料性能和二次搅拌性能，避免积料死角并尽可能降低上料高度。

混凝土泵的分配阀主要有管阀和板阀，管阀包括"S"管阀"C"形阀和裙阀，板阀包括闸板阀和蝶形阀。管阀密封性较好，泵送压力一般可设计更高，利于高远距离泵送，而板阀则吸料性能好，针对较差的混凝土，可以选择板阀泵进行泵送。至于各厂家采用的不同布置方式和结构阀的优缺点，一般主要根据用户施工要求进行判断选择。目前使用最广泛的是"S"管阀和闸板阀。

② S 管形分配阀 S 管形阀置于料斗中，阀的本身起输送管的作用，它的一端与输送管接通，另一端则可以摆动，和两个工作缸轮流接通。与 S 管阀接通的工作缸处于压送行程，另一个缸则处于吸料行程，从料斗吸入混凝土。

S 管阀的优点是本身结构简单，流道形状合理，泵的出口处不需要 Y 形管，泵送阻力小，阀部不容易堵塞。此外，使用管阀还可以使料斗高度降低。S 管形阀的缺点是它必须安装在料斗内，占据了料斗的容积，搅拌装置的布置比较困难；料斗容易有死角，使混凝土不易流动，当混凝土坍落度较低时，阀管摆动阻力很大。另外 S 管阀是通过杠杆驱动的，由于杠杆比率、混凝土阻尼等原因，影响工作缸的吸入效率并容易返料。

3. 混凝土泵送设备的分类

混凝土泵送设备的分类标准很多，为满足不同的用户施工要求，不同的厂家依靠自己的科研实力为用户提供了不同个性需求的混凝土泵送设备，下面就主要的产品特征对混凝土泵送设备进行粗略的分类，以便于读者对混凝土泵送设备进行了解。

（1）拖式混凝土泵有电动机泵和柴油泵两种，电动机泵价格便宜，使用成本低，但其使用受电网及电网容量限制。

（2）按主泵送液压系统特征分类

主泵送液压系统，有采用开式的，也有采用闭式的。开式系统主要有结构简单，维修方便，系统散热性好等特点，但其换向冲击大，在大排量泵中尤其严重。闭式液压系统换向平稳，但结构复杂，维修成本高，系统容易过热。为保护臂架，延长臂架使用寿命，尤其在中长臂的混凝土泵车上，如何克服和减小换向冲击是很重要的课题。

（3）按换向控制分类

换向控制信号的采集分电控换向和液控换向两种。其中电控换向一般采用接近开关在水箱中感应到与活塞杆相连的感应信号而换向，也有部分厂家将接近开关安装在油缸上直接去感应油缸活塞而换向。液控换向则是采用逻辑阀，当活塞运行到油缸端部时利用压差触发逻辑阀，给液控换向阀换向信号。由于液控换向技术具有直接控制、故障环节少的优点，被越来越多的厂家优先采用。

（4）按高低压切换方式分类

高低压切换是指泵车在泵送过程中有低压大排量和高压小排量两种工作模式。一般有手工切换、转换阀块切换、手控/电动切换和全自动高低压切换四种。

手工切换是通过改接液压管路改变主油缸的进油方向；转换阀块切换是通过手工转换阀块而改变主油缸的进油方向；手控/电动切换是通过电磁阀换向改变控制油开关六个逻辑阀而改变主油缸的进油方向；全自动高低压切换方式是在手控电动切换的基础上，在泵送压力达到预先设定的系统工作压力时，压力传感器利用 PLC，控制电磁换向阀工作，自动实现高低压切换。

4. 混凝土泵送设备型号代码及主要技术参数

（1）混凝土泵送设备的型号代码（表 8-2）

拖式混凝土泵的型号代码   表 8-2

H	B	T	（m³/h）	（MPa）	（kW）	S\Z	—/R	
混凝土	泵	拖式	泵送方量	出口压力	功率	分配阀型	原动机	类型

如：

HBT60.16.110SB 表示：最大出口压力为 16MPa 额定功率为 110kW 的 B 型电动 S 阀拖式混凝土泵。

HBT80.18.195RSA 表示：最大出口压力为 18MPa 额定功率为 195kW 的 A 型柴油 S 阀拖式混凝土泵。

HBT60.7.75ZB 表示：最大出口压力为 7MPa 额定功率为 75kW 的 B 型电动闸板阀拖式混凝土泵。

HBT60.7.75ZF 表示：最大出口压力为 7MPa 额定功率为 75kW 的防爆型电动闸板阀拖式混凝土泵。

（2）混凝土泵送设备的主要技术参数

1）理论输送方量（m³）

理论输送方量值反映了泵送设备的工作速度和效率，但由于工作情况的不同，如在较高压力下，在满足功率匹配的情况下，必须将输送量下降。另外混凝土泵送设备的吸料性的好坏也很大程度的决定着泵送的效率，有的混凝土泵送设备由于吸料性不佳实际输送方量要远小于理论输送方量值。只有合理匹配设计和具有优化设计的混凝土泵送设备才能保证实际泵送的方量，提高工作速度和泵送效率

2）理论泵送压力（MPa）

理论泵送压力是指混凝土泵送设备的出口压力，也就是当泵送液压系统达到最大压力时所能提供的最大混凝土泵送压力，通过高低压切换，最大出口压力将不同。

3）输送缸内径及行程（mm）

输送缸的内径一般在 200～230mm 之间，它基本能满足吸料性的要求；而行程一般在 2000mm 左右，在满足理论输送方量的同时具有合适的换向频率。

4）液压系统形式

液压系统形式是指主泵送系统的液压系统形式，分开式系统和闭式系统两种。

5）分配阀形式

混凝土泵送设备分配阀形式主要有"S"管阀、闸板阀和"C"型阀等，但"S"管阀由于具有密封性好，使用方便，寿命长，料斗不容易积料等优点而被广泛采用。

6）料斗容积（L）

料斗容积一般在 500L 左右，但在放料是一般不宜太满，以免增加搅拌阻力，使搅拌轴密封及其他密封早期磨损；但放料也不能低于搅拌轴，否则就容易吸空，影响泵送效率。

7）上料高度（mm）

上料高度一般在 1500mm 左右，主要是为了满足混凝土搅拌输送车方便卸料的要求。

8）垂直布料高度（m）

垂直布料高度与厂家标定的臂架长度差不多，如 37m 泵车的垂直布料高度约为 37m。

9）水平布料半径（m）

水平布料半径为实际臂架长度，为垂直布料高度减去整车高度。

10）布料深度（m）

布料深度一般约为实际臂架长度减去第一臂的长度。

11）回转角度（°）

为满足混凝土泵车全方位的工作需要，一般回转角度在360°左右，由回转限位进行控制。

12）臂节数量

混凝土泵车臂节数量一般有 3、4、5、6 节，臂节越多，伸展越灵活，但操作时的要求也高。

13）臂节长度（mm）

混凝土泵车臂节长度主要是臂架形式等要求决定。主要为便于合理分布载荷和空间。

14）展臂角度（°）

混凝土泵车展臂角度是为了满足臂架的动作空间而设计，使其能方便快捷地达到工作位置。

15）输送管直径（mm）

输送管直径大多为 125mm，此管径能够满足泵送混凝土的流动速度。

16）末端软管长度（m）

混凝土泵车末端软管最大长度为 3m，太短则不方便浇筑，太长则使软管安全区域扩大，不利于安全施工。

17）液压油冷却系统

液压油冷却系统普遍采用风冷，冷风机一般采用电机驱动或液压驱动。为满足不同工况和不同施工环境，部分泵车采用了双电动风机和自动控制，比较好地控制了液压系统的温度。

18）操作控制方式

操作控制方式分为面控和遥控，遥控又分为有线遥控和无线遥控二种，为保证在干扰信号较强的区域的施工顺利进行，有的厂家增加了独立有线遥控系统。

19）支腿跨距（mm）

支腿跨距是根据泵车的稳定性而设计的，在施工中必须保证支腿完全展开。尽管目前部分厂家具有单侧作业系统、防倾翻保护等安全智能控制，但在一般常规的施工中，建议还是将支腿完全展开，防止因系统失效而出现安全事故。

20）底盘型号

由于底盘在保证混凝土泵车的可靠性方面具有很关键的意义，所以用户一般很关心其底盘生产厂家和型号；同时底盘的品牌也增加了用户的使用品牌价值。

21）原动机功率

电动机或发动机功率除了满足行驶工况需要外，还要满足作业工况，在满足一定的储备功率的条件下，厂家一般要将原动机与工作机构进行合理的功率匹配，保证原动机的正常使用和合理利用，达到高效率低油耗的经济指标。

22）整车外形尺寸（mm）

整车外形尺寸是指泵车的实际长度、宽度和高度，它决定了泵车的行驶通行能力和是否能在适应的作业场地顺利工作。

第四节　混凝土泵车的基本构造及工作原理

1. 混凝土泵车的组成

混凝土泵车是由载重卡车底盘、混凝土泵和混凝土布料杆（臂架）三大部分组成（图 8-16）。

混凝土泵和混凝土布料杆是混凝土输送泵车的工作装置，载重卡车底盘是混凝土泵和混凝土布料杆的承载机架、行走装置，并为混凝土泵和混凝土布料杆提供动力。

图 8-16　混凝土泵车的组成

2. 混凝土泵车分类

（1）按臂架长短分类

混凝土泵车臂架长度是反映泵车性能的重要参数，它决定了泵车的布料作业范围，臂架越长其作业范围越大，工地适应性越强。但臂架越长，其行驶道路与作业场地要求也越高。

但市场趋势是混凝土泵车渐向长臂架发展，目前小于 36m 的短臂架泵车已经基本退出市场，主流泵车臂架也从 37m 向 52～56m 发展，60m 以上的长臂架泵车也开始进入市场。

一般来讲，由于受到泵车结构件的强度和稳定性的限制，臂架越长，技术要求越高，尽管部分厂家推出了部分超长臂架的泵车，但在市场上还是很少见，一方面是昂贵的价格，让用户难于承受，另一方面由于缺乏市场应用的考验，在用户中形成消费习惯也需要一定的时间。

（2）按底盘分类

泵车由于施工可靠性要求高，工作负荷大，对于底盘的采用，一般都选用国际品牌如瑞典 VOLVO，德国 Mercedes-Benz，日本 ISUZU 等公司生产的专用底盘，其中 VOLVO 和 Mercedes-Benz 的底盘采用柴油电喷技术，具有较好的燃油经济性和高标准的排放标准。

（3）按臂架展开方式分类

臂架一般有 3、4、5、6 节三种，其展开折叠包括"R"型及"Z"型基本形式，也有"RZ"复合型。为满足生产制造和使用方便，目前泵车臂架的展开大都采用"RZ"复合型。

R 型臂架特点：

1）便于布置，结构紧凑；

2）一般大腔进油展臂，举升力大，有效作业空间大；

3）逐节展开，要求场地空阔。

Z 型臂架特点：

1）展臂速度快；

2）施工场地小，易通过狭窄空间进行布料；

3）一般小腔进油展臂，举升力小，有效作业空间稍小；

4）非工况油缸外露，易损坏。

因此一般在大臂附近用 R 形，软管附近用 Z 形臂的复合型臂架较常见。

3. 混凝土泵

混凝土泵车中所使用的混凝土泵与拖式混凝土泵基本相同，只是因为汽车底盘结构布局的原因，其主油缸和混凝土缸都不是水平布置，而是成倾斜布置。

4. 混凝土泵车的动力装置

（1）动力装置

混凝土泵车中的混凝土泵、臂架和支腿等工作部件的动力都来自于载重汽车的发动机。用载重汽车的发动机动力取力装置（PTO）以万向联轴节连接变速箱与传动轴（图 8-17，图 8-18），PTO 装置固定在底盘上，采用减震橡胶固定方式。两个主液压泵以及一个辅助系统双联齿轮泵和一个臂架动作液压泵安装在 PTO 上。

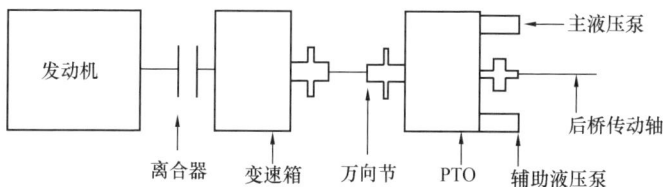

图 8-17　混凝土泵车的动力传递路线示意

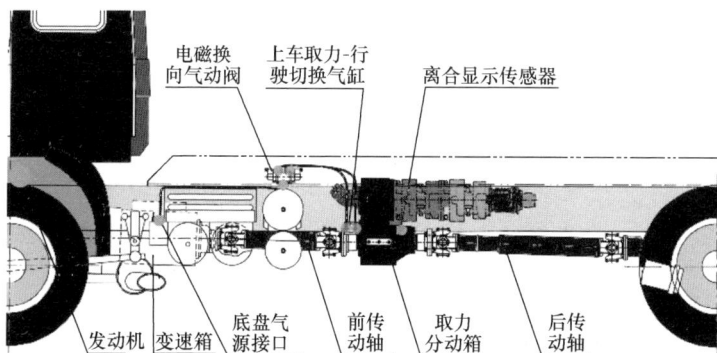

图 8-18　混凝土泵车的动力装置安装位置

（2）工作状态控制转换

混凝土泵车由于泵送和臂加等系统采用的是底盘动力，在泵送作业时要求切断行驶动力保证安全。在混凝土泵车上普遍采用分动箱（PTO）及其控制部分来完成工作状态转换。

如图 8-18 所示，分动箱通过传动轴与底盘变速箱连接，从发动机传来的动力进入分动箱，当混凝土泵处于行驶状态时，分动箱与后桥传动轴相连的输出轴运转，输出驱动行驶动力；而混凝土泵车处于作业状态时，分动箱与液压泵相连的输出轴运转，驱动液压系统工作。

分动箱换挡动力由汽车的底盘系统的气动系统提供，分动箱的切换气压由气压调节阀调整，气动电磁换向阀在电气互锁回路的控制下切换压缩空气运行方向，推动扭动缸，扭动缸带动拨叉进行动力切换。

分动箱切换时，底盘变速箱必须处于空挡位置，保证切换时的分动箱安全。当切换到作业状态时，分动箱上的取力转换开关保证切换动作到位后才能实现泵送作业。

泵送作业状态时，底盘变速箱必须处于规定的挡位内，保证液压油泵的转速在额定转速内。发动机的转速一般要求稳定在燃油经济区，泵送工况的功率匹配由油泵的恒功率阀自动调节。

5. 混凝土泵车的臂架和支腿

（1）混凝土泵车的臂架和支腿结构

混凝土输送泵车的臂架部分一般由 3～6 节臂架所组成，节与节之间以销轴方式相连接，臂架的伸开或收回靠液压油缸的伸缩来实现。臂架的折叠方式有内折、外折等多种方式。

臂架的转动靠臂架基座回转支承的转动来实现。臂架的动作一般用有线遥控或无线遥控控制，同时也可以用手动换向阀直接操作臂架。臂架与支腿液压系统使用同一液压泵提供的动力。

（2）臂架伸展和收缩控制

臂架伸展和收缩由各节臂架变幅油缸驱动，其动力来自与分动箱相连的臂架液压泵，通过遥控置或手动控制臂架多路阀，改变臂架变幅油缸的液压油进油和回油方向，实现臂架的伸展和收缩运动。为保证臂架油缸的强度，大臂有时采用双油缸通过同步装置实现对大臂的控制。

多路阀的比例电磁铁分：快慢二挡，能实现无极调速控制，保证臂架变幅运行安全平稳，准确到位。当遥控器操作发生故障时，通过手动操作臂架多路阀，也可以安全可靠的实现臂架的伸展和收缩。

为保证臂架安全可靠的工作，臂架油缸的进出油口安装了平衡阀（液压锁），平衡阀能保证混凝土泵车在泵送工作时，关闭臂架油缸的进出液压油，保证臂架定位准确，同时工作时，臂架不下落。平衡阀的另一作用：在臂架受到意外冲击时，保护臂架不受损害，延长臂架使用寿命，还可防止变幅液压缸内泄漏而引起的布料杆坠落事故的发生。

（3）臂架的转动控制

为满足施工的需要，要求臂架有360°的转动。

臂架的固定支座是臂架的支撑基础，与副车架焊接，上部与回转支承内齿圈固定，臂架转台与第一节臂铰接下方和回转支承外齿圈相连。通过回转支承内、外齿圈的相对运动，实现臂架的转动液压马达驱动旋转减速机，减速机带动小齿轮，啮合回转支承的外齿圈使转台和臂架做360°旋转。为保证转动平稳和满足机械强度的要求，有的泵车采用了双液压马达驱动机构。

臂架转动的动力来自于分动箱相连的臂架液压泵，通过遥控置或手动控制臂加多路阀，改变液压马达液压油进油和回油方向，实现左旋或左旋运动。多路阀的比例电磁铁分：快慢二挡，能实现无级调速控制，保证臂架旋转运行安全平稳，准确到位。当遥控器操作发生故障时，通过手动操作臂架多路阀，也可以安全可靠的实现臂架的旋转。

（4）支腿伸缩控制

支腿伸缩控制混凝土泵车的支腿液压系统和臂架系统共用同一液压油泵，通过支腿多路阀控制支腿的液压油缸伸缩完成工作要求。但支腿动作时，臂架的转动和变幅不能同时进行以保证施工安全和防止意外事故发生。工作时为保证泵车的稳定性，支腿必须完全展开，并必须保证设备的水平度要求。

第五节　拖式泵的基本构造及工作原理

拖式混凝土泵主要由泵送机构、混凝土分配机构、料斗及搅拌机构和电控系统等四大主要部分所组成（图8-19）。

拖式混凝土泵按照原动机类型分为电机泵和柴油泵。

电机泵长处是代价低，噪声也较小，这对日益进步环保施工要求的来说，电动机泵无疑更加符合。但电机泵功率较低，且受电网及电网容量限制。目前市面上存有的电机泵一般为37kW

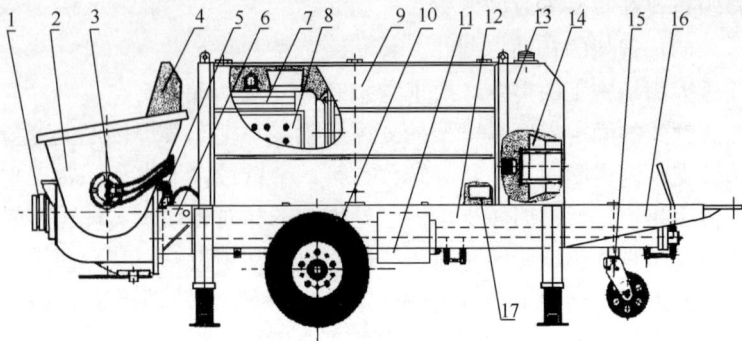

图 8-19　拖式混凝土泵的基本构成

1—分配阀总成；2—料斗总成；3—搅拌机构；4—料斗罩；5—润滑系统；6—围板总成；7—动力系统；8—电气系统；9—机罩；10—拖挂桥；11—泵送系统；12—机架；13—液压油箱；14—冷却系统；15—导向轮；16—牵引架；17—清洗系统

（目前国内最小标准混凝土泵，37kW 以下为细石砂浆泵）、45kW、55kW、75kW、90kW、110kW。选择多大电机混凝土泵，首先要考虑变压器容量，其次考虑距离混凝土泵的远近和线径大小，以免压降过大造成电流增高或跳闸停机，过大功率造成成本增加和使用不便。电机过小，同时也满足不了工程需要。

柴油机泵长处是适应性强，功率较大，目前市面上多为130kW、132kW、162kW、174kW 以及逐渐得到推广的超高压泵。由于大排量的混凝土泵，要求功率一般通常都在 100kW 以上，柴油机可以不受工地电力的限制。这也正是柴油机泵受到用户青睐的理由。

一台混凝土输送泵的原动机功率是决定出口压力和输送方量的前提条件，在原动机功率一定的情况下，压力的升高必将使输送量降低；相反，降低出口压力，将会使输送量增加。

为了保证混凝土输送泵既要有较大输送量，又有一定的出口压力和与之相匹配的经济功率，在混凝土输送泵的设计中，大都采用了恒功率柱塞泵；即恒功率值选定后，当出口压力升高时，油泵输出排量会自动降低，达到与功率设计相对应的值；如果既要达到出口压力高，又想得到输送量大的目的。唯一的途径就是增加原动机功率。

因此，在国家新标准中，引用了混凝土输送泵的能力指数概念（以 MPa·m³/h 为度量单位）；即混凝土输送泵的实际出口压力与每小时实际输送量之乘积，该值越大，其能力指数也越大，电机的功率也将越大，由此实现大排量、高扬程的目的。

当混凝土泵施工时，供油油泵排量一定，液压马达用小流量时获得高转速、小扭矩；当用大流量时获得低转速、大扭矩。当混凝土泵采用大排量（30m³/h）、近距离输送时，搅拌液压马达用小流量、高转速、小扭矩；当混凝土泵采用小排量（15m³/h）、远距离输送时，液压马达用大流量、低转速、大扭矩。

拖式泵工作原理与混凝土泵车原理相同，在此不做具体陈述。

第九章　混凝土泵送机械的安全常识

混凝土泵送操作工作属于建筑施工特种作业，根据国家有关规定：建筑混凝土泵操作工必须经建设主管部门考核合格后，取得建筑施工特种作业人员资格证书，方可上岗从事相应的作业。

第一节　安全注意事项

混凝土泵送设备如果使用不当会造成设备损坏和人身伤害，具体如下：

（1）混凝土泵机的动力电源线（电缆线）必须按规范敷设，预防由于敷设不当造成电缆线的内外保护层破损漏电造成的触电伤害。

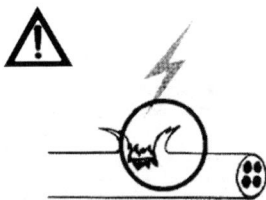

（2）混凝土泵机必须安装专用开关箱，开关箱内必须安装漏电保护器，预防操作人员接触电气线路、电气元件或输入电缆受损坏导致泵机与电源接通产生漏电，引起触电的伤亡事故。

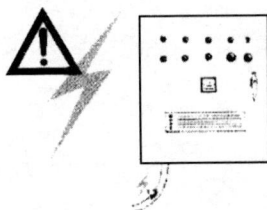

（3）开关箱内空气开关接通后，主电机接线盒内端头带电。若进行保养和维修，不得带电作业，确需检修时必须断开空气开关切断电源，否则会造成触电事故。

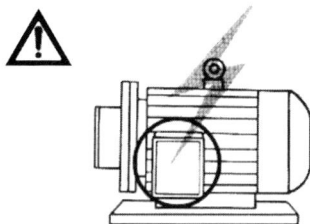

（4）混凝土泵在工作或维修保养时，由于混凝土、硅酸钠或其他物质飞溅，会导致对眼睛的伤害。

（5）拆卸液压系统的元件，油管和接头，必须先释放系统压力，卸荷后方可进行工作。预防灼热的液压油喷射所导致对人身的眼睛和皮肤的伤害。

（6）在输送管道加压工作状态下，不得拆卸管卡、管路，作业中途需要拆卸管卡时，应先进行3～5次反泵以降低管内压力，预防管内混凝土瞬间喷射而受到伤害。

（7）混凝土泵必须严格按照说明书要求支撑，预防由于支撑方式不当造成泵机倾覆而引起的事故。

（8）泵机工作时严禁打开料斗隔筛，严禁将手伸入料斗内，因维修保养需要进入料斗时，应关闭发动机，并释放蓄能器压力后方可进行，以防止引起的人身伤害。

（9）在活塞处于运动状态时，严禁将手伸入洗涤室内，预防造成人身伤害。

（10）在摆动油缸动作时，不得对润滑系统进行检修，以免造成的人身伤害。

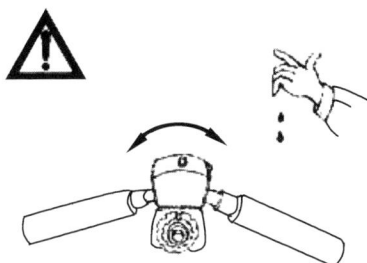

（11）检查输送管路是否固定牢固，避免由于管路松动或滑落而造成的伤害。

（12）使用机动车辆牵引拖行混凝土泵不得运载任何其他货物，拖行速度不得超过8km/h，以免发生翻车和其他事故。

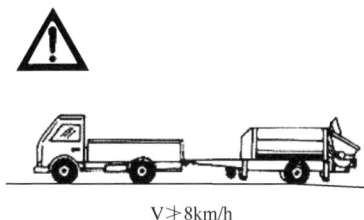

V≯8km/h

（13）布料臂下方严禁站人，以免砸伤。

（14）泵车架设时，应与电力线路保持适当距离，防止伸臂、收臂和工作时触碰外电线路（高压电），引起火灾、爆炸和触电事故。

（15）泵车或车载泵支腿未伸展到位时或支撑地基凹陷严禁作业，以免倾翻或胶轮爆裂。

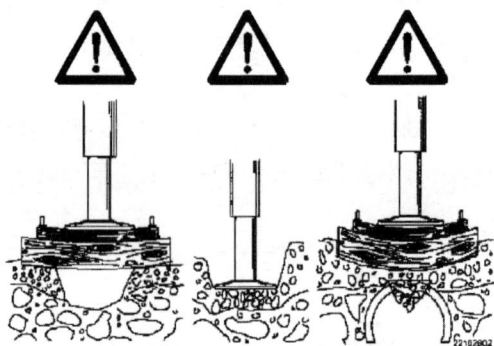

第二节 安全操作规程

混凝土泵送机械安全操作规程具体如下几点：

（1）混凝土泵送机械的使用应严格按照使用说明书的各项安全规定和操作规定进行。

（2）操作人员应按要求记录混凝土泵送机械的工作情况。

（3）所有安全和预防事故的装置如：指示及警告标志、栅

栏、金属挡板等必须使用，不得更改或取消。

（4）在混凝土泵送机械周围设置必需的工作区域，非操作人员未经许可不得入内。

（5）混凝土设备操作人员必须按规定穿戴防护用具。

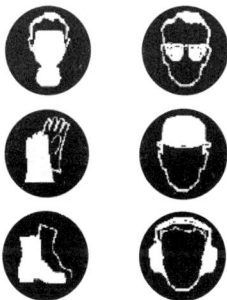

（6）混凝土泵车只能应用于混凝土的输送，严禁使用泵车臂架作其他用途（如起吊重物）。

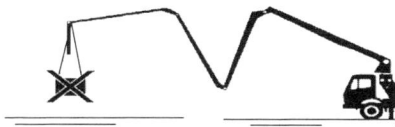

（7）定期检查设备上混凝土输送管壁厚、管卡、密封胶圈。

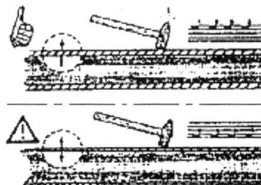

（8）输送软管拖地弯曲时，严禁泵送混凝土，以免堵塞管路造成危险事故。

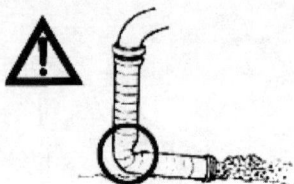

（9）设备在工作时严禁将手靠近其运动的零部件。

（10）泵送工作结束后和进行维修保养时，必须先关闭设备动力或电源开关，释放蓄能器压力。

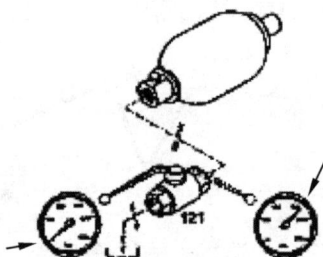

（11）电气控制系统必须由专业电气技术人员进行安装、维修、接线。

（12）为避免吸入空气，料斗中的混凝土料位必须高于搅拌轴。

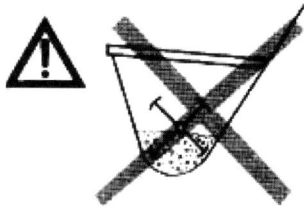

（13）机动车辆拖行混凝土泵机前及泵车、车载泵行走前，必须收回支腿及臂架，并与机架牢固连接。

（14）每次泵送混凝土结束后或因异常情况造成停机时，都必须将S管、混凝土缸和料斗清洗干净，严禁S管、混凝土缸和料斗内残存混凝土料。

（15）泵送结束后，关闭动力及电源，并锁好电控柜的门，以免无关人员启动。

（16）拖式泵、泵车及车载泵必须置于坚实的地面上，并应远离斜坡、堤坝、凹坑、壕沟，以保证其稳定性。

（17）拖泵活动支腿拉出后与固定支腿用插销销住，并且与机架连接牢靠后，方能放在坚实的地面上。

（18）开始泵送工作之前，应检查输送管路、管卡及软管，确保其连接安全可靠。

（19）泵机夜间工作现场应有足够的照明。

（20）泵机周围至少应有 1m 以上的工作空间，便于操作和维修。

（21）泵机动力电源采用 380/220V（不宜超过±5%），电源电缆应符合功率要求，并加以很好的防护。

（22）恶劣气候和在暴风雨或恶劣气候时，将布料杆收复到行驶状态。

下列暴风雨情况不能使用臂架杆：

臂架杆垂直打开大于 42m（M42 型及以上的机器）在风力达 7 级或以上时（风速达 50km/h 或以上时）。

臂架杆垂直打开小于 42m（小于 M42 型的机器）在风力达 8 级或以上时（风速达 62km/h 或以上时）。

更高的风速会影响稳定性，还存在着遭雷击的危险。

在建筑工地上的塔式起重机，通常都备有风速测量装置，所以，在任何时候都能询问风的速度。如果找不到风速测量装置，可以采用下面的经验作大概的估算。基本原则当风力达到 7 级或更高时，树上的绿叶会被刮下，而且外出行走感到受阻。当风力达到 8 级或更高时，树上的小分支会被折断，而且外出步行变得相当的困难。

（23）臂架应当与高压电线保持一定的距离。

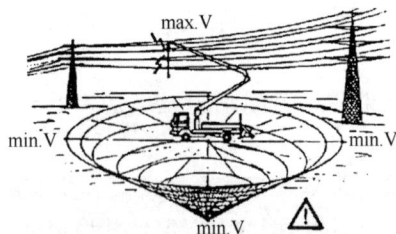

推荐最小安全距离按表 9-1 选取。

臂架与高压电线的最小安全距离   表 9-1

额定电压〔V〕	安全距离〔m〕
最高为 1kV	1.0
1～110kV	3.0
110～220kV	4.0
220～380kV	5.0
不知道额定电压	5.0

（24）臂架工作时，臂架下方不准站人。

（25）安全装置（安全钩）未脱开时，不得伸展臂架。

（26）泵车及车载泵未按说明书规定展开与固定支腿时，严禁操纵布料臂或泵送作业。

（27）臂架输送软管工作时严禁强力牵拉。

（28）操纵臂架时应缓慢平稳，严禁急拉急停。

（29）尾胶管端部禁止加接管路和其他装置。

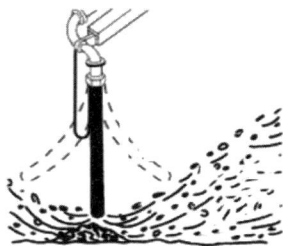

第十章 混凝土泵送机械的操作与施工

第一节 泵送施工作业

1. 准备工作

混凝土泵送施工时，应规定联络信号和配备通信设备，可采用有线或无线通信设备等进行混凝土搅拌运输车和搅拌站与浇筑地点之间的通信联络。

（1）完成混凝土泵、输送管道及供料、布料设施的布置后，要认真检查这些布置是否符合要求。

（2）施工前进行空运转检查，确认混凝土泵送机械状况良好，才可以投入运行。

（3）检查施工环境的安全情况，采取可靠的安全措施。

（4）了解工作面浇注工作量及浇注要求，布置好联络措施。

（5）安排专人联络并监督供料情况。

（6）为了应付发生的堵管或其他故障，要先准备好各种检修用的工器具及输送管道吹洗用具，并有相应的组织措施。

2. 泵送的一般步骤和要求

（1）启动混凝土泵，空运转，若气温较低，空运转的时间应较长，要求液压油的温度达到 15℃ 以上才能泵送。禁止采用憋压（使溢流阀高压溢油）的办法来加快升温速度。

（2）向混凝土泵料斗加入一定量的清水以湿润料斗、分配阀及输送管道。

（3）向料斗加入一定量的水泥砂浆，使整个混凝土输送流道得到润滑水及砂浆，其加入量见表 10-1。

润滑输送管道所需要的水和砂浆　　　表 10-1

输送管直径 mm	输送管道实 际总长 mm	需水量 l	需砂浆量 m³	砂浆配合比 水泥：砂的 重量比	备　　注
125	＜100 100～200 ＞200	10～15 15～20 25～35	≥0.25 ≥0.4 ≥0.6	1：2.0 1：2.0 1：1.15	可先加 0.2m³ 纯 水泥浆，再加 1：2 的砂浆
150	＜100 100～200 ＞200	10～15 20～25 30～35	≥0.3 ≥0.5 ≥0.8	1：2.0 1：2.0 1：1.5	可先加 0.2m³ 纯 水泥浆，再加 1：2 的砂浆

（4）水泥砂浆注入料斗后，应使搅拌轴反转几圈，让料斗两侧壁得到砂浆的充分润滑，然后再使搅拌轴正转，把砂浆喂入分配阀。

（5）开泵时不要把料斗内的砂浆全部泵送出去，砂浆应保留在料斗搅拌轴线以上，混凝土运到并加入料斗后再一起泵送。

（6）泵送中断的时间不可过长，停泵后应每隔一定时间泵送两次（左右缸各一次），当料斗内存料不多时，可反泵各两次，进行这一操作的时间间隔同混凝土的品质、配管长度、气温等情况有关，一般为 15～20min。当垂直泵送、气温较高和混凝土容易离析时，间隔时间应较短，而在水平泵送、低气温、混凝土凝结缓慢而又不易离析时，间隔时间可以适当长些。

（7）在停止泵送的情况下，搅拌轴长时间连续搅拌会使混凝土中的粗骨料下沉，因此在泵送中断时间较长时，搅拌也应停止，但再次开泵时，应先开始搅拌。

（8）在垂直向上泵送中断泵送，分配阀压送一侧的混凝土会因高压而泌水，析出的灰浆透过分配阀的间隙渗入料斗，因此在再次开泵时，要先进行反泵操作，把分配阀内的混凝土吸回料斗，搅拌均匀后再泵送出去。

（9）泵送混凝土时，活塞应保持最大行程运行。

（10）泵送混凝土时，如输送管内吸入了空气，应立即反泵吸出混凝土至料斗中重新搅拌，排出空气后再泵送。

（11）泵送混凝土时，水箱或活塞清洗室中应经常充满水。

（12）在混凝土泵送过程中，若需接长 3m 以上（含 3m）的输送管时，仍应预先用水和水泥浆或水泥砂浆润滑管道内壁。

（13）混凝土泵送过程中，不得把拆下的输送管内的混凝土撒落在未浇筑的地方。

3. 泵送混凝土的浇筑

（1）应根据工程结构特点、平面形状和几何尺寸、混凝土供应和泵送设备能力、劳动力和管理能力以及周围场地大小等条件，预先划分好混凝土浇筑区域。混凝土的浇筑应符合国家现行标准《混凝土结构工程施工质量验收规范》的有关规定。

（2）混凝土的浇筑的浇筑顺序应符合下列规定：

1）当采用输送管输送混凝土时，应由远而近浇筑；

2）同一区域的混凝土，应按先竖向结构后水平结构的顺序，分层连续浇筑；

3）当不允许留施工缝时，区域之间、上下层之间的混凝土浇筑间歇时间不得超过混凝土初凝时间；

4）当下层混凝土初凝后，浇筑上层混凝土时，应按留施工缝的规定处理。

4. 混凝土的布料方法应符合的规定

（1）在浇筑竖向结构混凝土时，布料设备的出口离模板内侧面不应小于 50mm，且不得向模板内侧面直冲布料，也不得直冲钢筋骨架；

（2）浇筑水平结构混凝土时，不得在同一处连续布料，应在 2～3m 范围内水平移动布料，且宜垂直于模板布料。

（3）混凝土浇筑分层厚度宜为 300～500mm。当水平结构的混凝土浇筑厚度超过 500mm 时，可按 1∶6～1∶10 坡度分层浇筑，且上层混凝土应超前覆盖下层混凝土 500mm 以上。

（4）振捣泵送混凝土时，振动棒移动间距宜为 400mm 左右，振捣时间宜为 15～20s，且隔 20～30min 后，进行第二次复动。

（5）对于有预留洞、预埋件和钢筋太密的部位，应预先制订技术措施，确保顺利布料和振捣密实。在浇筑混凝土时，应经常观察，当发现混凝土有不密实等现象，应立即采取措施予以纠正。

（6）水平结构的混凝土表面，应适时用木抹子磨平搓毛两遍以上。必要时，还应先用铁滚筒压两遍以上，以防止产生收缩裂缝。

第二节　拖式泵的操作

1. 拖式泵泵送作业前检查

（1）检查泵机就位是否稳固，布管是否正确。

（2）按柴油机操作手册规定，检查柴油机机油量，看标尺机油是否在规定的范围内，假如不够，加入规定牌号的机油，按使用季节加注相应型号的柴油，加注按规定配制的冷却液至规定液面高度，检查蓄电池容量是否充足，接线是否正确。

（3）检查液压油箱的油位，油位应高于油位计总高度的 3/4，不足时应加到该高度。

加入油箱的液压油须使用厂家规定的牌号的液压油，经过过滤，过滤精度为 $10\mu m$。润滑油箱内应加满润滑油。

（4）水箱加满清水或乳化剂。同时应注意有无砂浆流入水箱，以判定混凝土活塞密封是否良好。

（5）检查眼镜板、切割环间隙是否正常，间隙不得超过 2mm。一般凭经验判定，即上次泵送过程中，出料是否丰满，泵送结束后，是否能将水顺利地泵出。

（6）当开始启动发动机或电动机时，混凝土泵必须关闭泵送，排量调节打开，搅拌操作手柄和清洗操作手柄应于中位。

（7）将发动机在 $800\sim1000$ 转/min 速度下运转预热，遵照发动机操作的说明运行。

（8）当发动机预热后，或电动机正常运转后再打开泵。栅格板必须关闭。

（9）用关闭排量调节器来调定输送活塞运动，或增加发动机转速来确定。如果该机器是冷机，输送活塞要慢慢运行。

（10）检查各电气元件功能是否正常。

（11）对施工现场的检查

1）夜间施工应有足够的照明；

2）操作机手与浇注面应有可靠的联系方式；

3）现场搅拌供料，搅拌机、计量、上料等是否均作好准备，搅拌机至泵机的导料槽布置是否正确；

4）用搅拌运输车供料时，要检查搅拌运输车进出路线是否畅通，上料高度是否合理。

2. 操作功能测试

（1）确保输送排量控制在不同的位置上时，在不同的转速下输送活塞与"S"管能正确地切换。

（2）驱动油缸有自动冲程补偿。活塞冲程仍需按第 3 点所述作检查。

（3）输送活塞慢慢运行时，按住反泵控制开关堵泵，此时活塞自动逆运行。按下反泵开关至活塞杆运行到底部位置，同时另一缸的活塞杆也在底部时堵泵一下。通常堵泵时高压在 300～350MPa。

（4）查冲程时间。全速运转发动机。关上排量调节器，测量十次冲程时间。计算值需与机器记录单所列数据一致。

（5）检查吸油过滤器。在油温高于 30℃ 及最快冲程时，真空表指针不得在红色扇区内。否则要更换滤芯。

（6）检查电液阀"开""关"功能。

（7）检查用于清洗泵机所装的辅助装备，如水泵和空压机。

（8）多次按下换向控制开关，检查泵机配置的液压蓄能器的预压压力。数据见随机数据卡。

3. 安置泵车

（1）泵车必须安置于经仔细选择的，承载压良好的地面。如必要，支腿下要纵横垫放两层枕木。

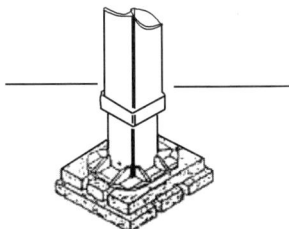

（2）作远距离泵送时，要避免输送管道小角度弯角和减小弯角直径。确保管道连接不泄漏，以防止混凝土泄漏。漏浆会造成堵塞。

（3）泵车安置顺序

1）当泵车被牵引至安置的工地上时，在泵车车轮下垫上斜楔。

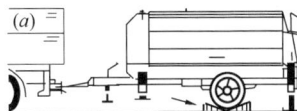

2）料斗下的支腿伸足，并插上保险销。

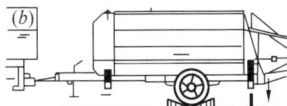

3）摇下中央前支撑至接触地面。卸下拖钩，开走拖车。

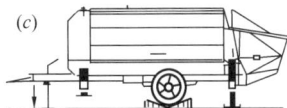

4）放低中央前支撑至后支腿能再伸出，并插上保险销，（如果需要，可在拖钩处加点重量）。

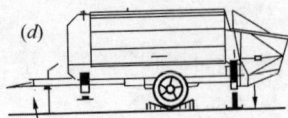

5）将中央前支撑摇下，支起机器，再放下前支腿插上保险销。

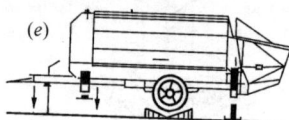

6）收起中央前支撑。

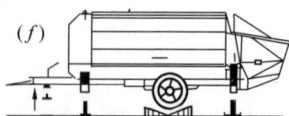

注意：机器必须水平安置，轮胎稍稍离地。泵机重量均等分配于四个支腿。必要时调节支腿的伸出或收进长度。支腿上的定位销要插上开口保险销。

（4）安置泵车的注意事项

1）如果泵车要较长时间地安置于一处施工的话，建议准备一个加固的混凝土地坪以便清洗。

2）在高压，大排量泵送时，建议将泵车完全锚固。泵车置于枕木上时必须视作临时安置。

3）如果泵车安置在低洼地或坑里，必须采取措施使之能排水。

4）泵车安置后要提供足够的照明。

5）泵车四周每边至少留出 1m 的空地，以便保养，维修。

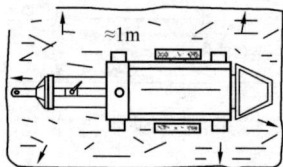

4. 布管

（1）所有电动机驱动的机器需保护好供电电缆线，以免损坏。

（2）输送管道要避免安装时强直，易于锁紧、通畅和装入。输送管必须有支承（如方枕木），以便于安装和卸下抱箍。

（3）将一输送管浇埋在 $1\sim2m^3$、上面装吊钩的混凝土墩子中，以便吸收输送管道的反作用力。这样可使泵车安置得更稳定。

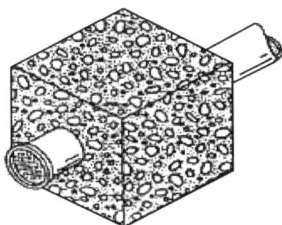

混凝土墩子必须直接置放在泵后。

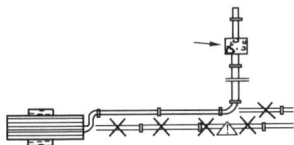

（4）长期留在施工地面上的输送管下填上双木楔垫。先将输送管安放在木楔上，再敲进木楔至托起管道，如果管道与木楔间松开了，可以再敲进木楔。

（5）输送管道系统必须畅通。建议使用厚壁管以延长使用寿命。

5. 垂直输送管的送料

（1）只能使用新管布管，泵送高度大的低处管道用厚壁管，并需检查抱箍。90°弯管的最小直径为 1m，壁厚符合标准，且要易于卸下。

备注：垂直输送管道不得压在弯管上，因为弯管不能作为垂直管道的支承。输送管不能强直安装，管道应有正确的锚接支承。

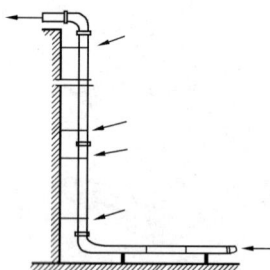

（2）直管与弯管用卡箍及托架锚接在建筑物墙上，这意味着重力作用部分转移至建筑物上。（注意：不得锚接在脚手架上、起重机塔架上和升降机井道上）。

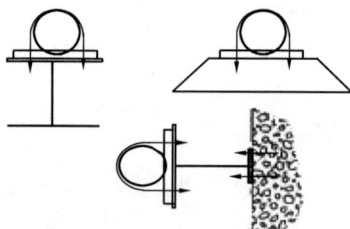

6. 下降管道的送料

当开始泵送时，为了尽可能地避免分隔的危险，必须注意以下事项：

（1）在未超过 20～30m 的不同高度内，建议先塞入几个硬海绵球或清洗塞，以免浆料流失，它们可以托住浆料重量。

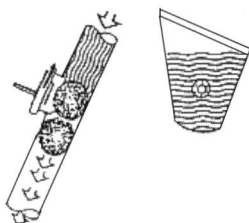

（2）落差较大的下降管道，在一段较长的直管下，装一个起刹车作用的止落管。

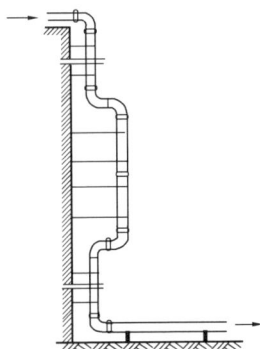

7. 开始操作

BSA 2109H-D 拖式混凝土泵电器箱控制面板如图所示。

1—泵送计时器；2—工作指示灯；3—油温报警灯；4—泵送/反泵开关；5—切换开关；6—电器柜门锁；7—油温表；8—反泵指示灯；9—冷却器风扇开关；10—发动机开关；11—发动机开关指示灯；12—充电指示灯；13—发动机机油压力指示灯；14—冷却液指示灯；15—预热指示灯。

（1）开动发动机 10，泵送前将搅拌手柄拨到所需方向，开动搅拌机。

（2）接好一段管腔干净、通畅的输送管。根据料斗的大小，倒入几桶浆料，再塞入两只海绵球，将泵送开关 2 向上拨到泵送位置（指示灯 2 亮），慢慢地让活塞运动进行泵送，以确保浆料浸润管道内壁，直至混凝土从尾胶管流出。

用新的或长的输送管时，其阻力较大，因此当开始泵送时，要用足够的浆料。

（3）将搅拌车混凝土倒入搅拌器料斗继续泵送。

（4）混凝土输出排量控制

根据施工或工作需要旋转主油泵排量调节旋钮，可调整混凝土输出量。顺时针旋转输出量增加，逆时针旋转输出量减少。

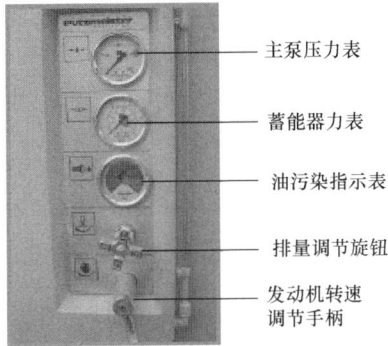

主泵压力表

蓄能器力表

油污染指示表

排量调节旋钮

发动机转速
调节手柄

（5）如果发生堵塞，立即将泵送开关2向下拨到反泵位置，将混凝土反泵吸入料斗重新搅拌后，再继续泵送。

（6）冷却器风扇的操作

泵机运转时，液压油在冷却泵作用下，通过冷却器散热。当油温表7油温达到55℃时，冷却器风扇会自动打开，当油温达到90℃时，发动机会自动关闭，如果需要手动打开风扇，拨动冷却器风扇开关9，即可启动冷却器风扇。

（7）混凝土泵的停止操作

先降低发动机转速（逆时针旋转发动机转速调节手柄），在关闭电气箱上的发动机开关。

（8）泵送后清洗

清洗泵机的应用冷水进行清洗，不能使用腐蚀性的清洗剂，也可以用蒸汽枪或其他辅助设备清洗。不能用海水或带盐分的水冲洗，特别是液压系统（会损坏活塞杆和缸筒镀铬层）。如果有咸水进入机器，立即用清水冲洗干净。进行清洗工作时，将遥控器锁进驾驶室，遥控器没有防水性，当用蒸汽枪冲洗时也始终要注意这一点。在冲洗完毕后，检查电器控制箱上各功能开关。用压力水来清洗泵机是经实践证明最实用的方法。

1）在反泵前尽量将料斗内的混凝土料用完。将泵机开到"反泵"，经由1～2次冲程后降低输送管道内的压力后，再关闭泵机。

2）打开料斗泄料阀板放尽余料。打开换向管或上升管道上的清洗孔盖。

3）仍用"反泵"方式开动泵机，将装有喷嘴的水管插入清洗孔。将水管慢慢伸入管道冲洗。当心换向管切换时切断水管。直至输送缸内流出清水，再关上泵机。用水管冲洗有混凝土的搅拌料斗和机器的其他地方。

4）在清洗孔内塞入 2 至 3 个吸满水的海绵球，再把清洗孔盖盖上、锁紧，关上料斗泄料阀门，在料斗内注满水。

5）将泵机开至"正泵"，将清洗海绵球与水推送入输送管道。

6）栅格板有安全装置的话，当它被打开时，换向管 的切换与搅拌器就会停止，清洗时将栅格关上，开动泵动作一个冲程，再打开栅格板。清洗时，栅格板螺栓仍拧上。

7）打开料斗泄料阀门，排尽余料。仔细清洗换向管、搅拌器、料斗、输送缸、水槽。清洗机器其余各部分，喷涂上机油、柴油混合油料。

8）冬季要防止有结冰的危险，在清洗完毕后，要放尽水槽、水箱及水泵内的存水。

9）在清洗过程中，不要损坏搅拌器轴承胶密封。

第三节　混凝土泵车的操作

泵车使用说明书是泵车行驶、作业、维护和保养操作的唯一依据，操作人员在操作使用设备前必须认真阅读使用说明书。

1. 行驶状态的操作

泵车行驶状态是指布料臂收回折叠并在布料臂支架上安放到位；支腿全部收回并锁定；料斗及车体清洗干净；分动箱已转换到行驶状态；整车可以正常行驶或正在行驶的状态。司机在准备驾车行驶前必须进行下列检查：

（1）布料臂在托架上应安放到位，泵车"行驶"指示灯（绿灯）点亮；

（2）支腿应收放到位，支腿定位锁应锁定；

（3）料斗及车体应清洗干净；

（4）泵车电控柜、遥控器及各操纵台上的按钮及手柄应放在非工作位置；

（5）柴油机转速调至怠速状态；

（6）汽车变速杆应放至空挡位置；

（7）分动箱应转至行驶状态，"作业"指示灯（红灯）应熄灭。

以上各项检查完毕后，泵车方可进入行驶状态。

2. 作业状态的操作

泵车作业状态是指泵车在平整、坚实的工作场地停放就位；分动箱已转换至"作业"位置；按规定将支腿完全伸展打开；调整好整机水平；泵车轮胎离地（50mm）；清洗系统水箱加满水；可以操纵布料臂进行工作或正在进行工作的状态。

当环境温度低于零度时，开始作业前应将泵车转换至作业状态，使发动机怠速运转 15～20min，对液压油进行预热，防止主泵和恒压泵因液压油过稠，造成吸油能力不足（吸空），使主泵，恒压泵损坏。

（1）安全检查

1）泵车在进入作业状态前和进入作业状态但未开始作业前，司机应对其进行下列检查：

① 分动箱应转至作业状态，泵车"作业"指示灯（红灯）应点亮；

② 取力控制开关钥匙应取下收好；

③ 汽车变速杆应放在直接挡位置；

④ 支腿应按规定完全伸展打开；

⑤ 整机应调平，轮胎应离地；

⑥ 支腿控制手柄应回到中间位置；

⑦ 底盘柴油机转速、水温表、机油压力表等仪表指示应正常。

2）布料臂展开时应进行如下检查：

① 确认支腿已全部展开，并支撑在坚实的地面上（轮胎离地）；

② 工作条件满足如前所述；

③ 各臂架关节部位注满润滑油；

④ 检查各输送管，确认壁厚满足使用要求。

3）混凝土泵送时，应进行下列检查：

① 当泵送开始和停止时，应与端部软管作业人员取得联系；

② 润滑泵是否已开始正常工作，检查各润滑点是否已充满润滑油；

③ 检查各压力表（控制压力、蓄能器压力）以及吸油、回油的真空表和真空压力表是否指示正常；

④ 发动机油门转速是否达到设定值。

（2）行驶/作业切换操作

1）行驶状态切换至作业状态的操作

泵车进入作业状态，分动箱的操纵程序如下：

① 踏下离合器（不要松开），将钥匙开关的钥匙插入并转至"Ⅰ"位置；

② 顺时针扳动取力"转换按钮"到90°后松开，并确定"作业"指示灯（红灯）点亮；

③ 将变速杆放到直接挡位置；

④ 慢慢松开离合器踏板，并确定动力已转入上车，保持分动箱钥匙开关在"Ⅰ"位置上不变，取下钥匙并收好。

⑤ 打开巡航控制开关（VOLVO底盘），确定柴油机转速在1500r/min，五十铃底盘柴油机转速设置为2000r/min，且变速杆放入规定的挡内。

2）作业状态切换至行驶状态的操作

① 踏下离合器；

② 将变速杆放到空挡位置;

③ 将钥匙开关转到"O"位置;

④ 顺时针板动取力"转换按钮到"90°后松开,并确定"作业"指示灯(红灯)熄灭;

⑤ 慢慢松开离合器踏板。

警告:分动箱换向操作必须按上述步骤进行,否则将危及设备和人身安全。

(3)伸展支腿操作

1)打开所有支腿的机械锁;

2)将电控柜控制面板上的"手动/遥控"转换开关拨到"手动"位置;

3)确认支腿伸展区域内无人后,操作泵车左右侧支腿比例阀手柄;

4)依次将前后支腿伸展并完全打开到位;

5)根据场面条件,在支腿下垫好合适垫块,使轮胎离地(离地间隙约50mm);

6)调节前后支腿顶升高度,使泵车整机最大倾角不大于3°;

7)确认比例阀控制手柄回到中位。

当泵车工作任务结束后,支腿收拢的操作,必须在确认臂架已完全收回并已落在臂架支撑上后,方可操作支腿比例阀,按伸展支腿的反向顺序操作,且在即将收回到位时,减小操作手柄的动作幅度,使支腿缓慢就位,避免机械冲击。

需要特别注意的有:

1)操作支腿时,操作人员必须与运动的支腿保持安全距离;

2)支腿必须完全伸展到位;

3)支腿必须支撑在坚实的地面上,以防作业时支腿下陷失稳,泵车倾翻造成重大安全事故。

收拢支腿前必须确认臂架已收回并已安放在臂架支撑上。

(4)伸展臂架操作

1)安全检查

臂架属高空危险作业，所以在操作臂架前和操作中，应仔细检查确保安全作业。

① 检查臂架的各坚固件、管卡、输送管是否坚固，是否安全可靠；

② 检查并清理臂架上遗留的工具和杂物；

③ 确保臂架作业区域内没有人员和妨碍操作的物品；

④ 检查臂架工作区域内是否有障碍可能对臂架工作产生影响；

⑤ 检查臂架工作区域内有无电力线路，并与其保持安全距离。

2）遥控伸展臂架操作

① 将电控柜控制面板上的"手动/遥控"转换开关拨到"遥控"位置；

② 将"支腿/臂架"切换开关拨到"臂架"位置

③ 打开遥控器电源，鸣响警笛；

④ 通过遥控器手柄，按顺序张开臂架，根据各臂架折叠方式不同，其展臂动作略有差异。基本型包括"R"型及"Z"型。

3）手动臂架操作

当无线遥控器或手动遥控器发生故障时，可用手动控制来完成臂架的动作。选择手动控制时，将电控柜的控制面板上的"遥控/面控"（或遥控/本机）选择开关切换"面控"（或本机），然后操作臂架比例阀的控制手柄来操作臂架的动作。

（5）混凝土泵送的操纵

混凝土泵送的操作控制可通过固定安装在料斗附近的电控柜面板控制和远距离无线（有线）控制。电控柜面板上有手控/遥控转换开关，当需要在电控柜盘面操作时，选择开关座拧至手控挡。若采用遥控器操作则将选择开关拧至遥控挡。无线（有线）遥控盒：无线（有线）遥控盒根据生产厂家的不同，面板布置稍有不同，但基本操纵钮和表示符号均相同，混凝土泵送的操作基本与拖式混凝土泵相同，在这里不予重复。

第十一章 泵送机械的
维护保养

第一节 日常维护保养

1. 混凝土泵送部分检查与维护

（1）日常基本项目检查

操作者在每次施工作业前后及施工过程中，务必进行以下项目的日常检查。

1）定期（每10天或每50工作小时）在开机工作前排放油箱底部沉淀水。

2）检查所有的安全设备是否齐全，以及它们是否处于完好的工作状态。

3）润滑油箱及各润滑点加满润滑脂，水箱加满清水。

4）检查混凝土活塞应密封良好，无砂浆渗入水箱。每次工作前开放水阀放水。

5）检查切割环，眼镜板间隙正常（最大间隙2mm）。

由于切割石头和摩擦力，眼镜板、切割环会产生磨损，为了确保磨损均匀，从而获得较长的使用寿命，建议：每次使用完毕，彻底清洗后，检查磨损件的状况，当眼镜板和切割环间局部有间隙（最大可在1～1.5mm）时，应进行间隙调整。

6）检查润滑系统工作情况，应看到递进式分油器指示杆来回动作，摆臂端轴承位置、搅拌轴轴承位置有润滑油溢出。手动润滑点每台班前应注入润滑脂。

7）检查各电器元件功能是否正常，检查电缆绝缘层是否破损，检查所有的电路接头是否干燥、有无氧化和松动。如有必要，可在这些接头上喷以防潮剂。

8）检查分配阀摆动，搅拌装置正反转是否正常动作。

9）检查冷却器外部，若有污物立即清洗，否则易引起油温过热。

10）检查真空表指示，应在绿色区域内（真空度不超过0.04），如指针在红色区域，则必须更换过滤芯。一般吸油真空度应小于0.02MPa，回油真空表示值应小于0.35MPa。

11）以敲击方式检查混凝土管磨损程度，检查各管路接头是否密封良好。

12）检查液压软管及接头是否有渗漏油现象，油箱盖板密封是否松动、进水进气。

13）检查蓄电池，蓄电池的表面应干燥和清洁。蓄电池和蓄电池接线端子上的氧化物和污垢会引起短路、电压下降和放电，尤其是在潮湿环境中。用铜丝刷清除蓄电池接线端子和电缆接头上的氧化物。拧紧电缆接头并涂以防护脂或凡士林。

14）检查液压油油位，保持在油位计3/4以上，否则应加注相同牌号的清洁的液压油，建议采用过滤精度为20μ的过滤装置清洁液压油。检查油质：停机，30min后，用干净的量杯接0.5L油，应是淡黄色透明，如油高度污染或有乳化、浑浊现象，或静置数小时后，底部有沉淀，应立即换油。开机作业前，先排放在油箱中形成的沉在集油槽中的冷凝水，待油放出时关上放水阀。

（2）混凝土泵送部分定期检查与维护

定期检查保养是指设备在运转一定的时间后，为消除不正常状态，恢复良好的工作条件所进行的预防性维护保养。各用户单位要根据设备工作时间或泵送方量进行检查。

1）工作50小时后的保养（1500～2500m³）

① 进行日常保养内容。

② 检查所有螺纹连接，用扭力扳手拧紧保证连接牢固。

③ 检查水箱内活塞接杆连接情况，保证连接牢固可靠。

④ 检查真空表指示，滤芯过滤情况。

2）工作 100 小时后的保养（3500～5000m³）

① 进行 50 小时保养内容。

② 检查眼镜板、环磨损情况，必要时更换切割环。

③ 检查混凝土活塞磨损情况，必要时更换。

④ 检查液压油是否有变质、乳化现象，否则应彻底换油，并将油箱全面清洗干净。

⑤ 在发动机过热时，更换变速器、发动机和空压机机油。

3）工作 500 小时后的保养（15000～25000m³）

① 进行 100 小时保养内容。

② 检查分配管及轴承位置磨损情况。

③ 检查搅拌装置、搅拌叶片、搅拌轴磨损情况。

④ 检查液压油，在液压系统的保养中，最重要的是液压油的清洁度，必须做到不让脏物或其他杂质进入系统，即使是小小的颗粒，也可能导致阀门被划伤、泵被咬死以及控制孔被堵塞。若发生异常情况，应及时更换液压油。

⑤ 检查蓄能器气压是否符合标准，蓄能器充气压力应在 8 ～10MPa。

⑥ 检查结构件的连接及焊缝。

⑦ 检查分动箱油位情况，是否需补注或换油。

4）工作 750 小时后的保养

① 进行 500 小时保养内容。

② 检查混凝土缸的磨损情况，镀铬层磨损严重应予更换。

③ 全面调试泵机，各性能参数符合要求。

2. 汽车底盘的维护和保养

汽车底盘的具体维护与保养的详细说明请参见底盘的使用手册。在泵车每次行驶启动时，应至少做好以下项目的检查：

（1）发动机机油的油位及油况检查。

（2）发动机的油压检查。

（3）发动机冷却水位，冷却液液位及水温检查。

（4）轮胎的磨损及压力检查。

（5）电气系统检查。（例如照明、指示灯及停机灯等）

（6）后视镜的视野检查。

（7）刹车系统的气压检查。

（8）所有导向灯的工作检查。

（9）油/气泄漏检查（如有泄漏，拧紧接头）。

（10）安全装置检查（如限位开关、安全插销等）。

（11）在泵车移动前，检查所有运动部件（例如固定支腿、臂架等）都已固定在规定的位置上。

3. 关于泵送单元

由于频繁的泵送作业，泵送单元的运动部件磨损比较快，而正确的维护保养，将提高工效，并延长易损件的使用寿命。认真做好日常检查，尤其以下项目：

（1）如发现水箱里有过多的混凝土浆，应查看是否需更换混凝土活塞。

（2）检查眼镜板和切割环，如果过度磨损，则要换掉。

（3）检查混凝土缸内表面是否氧化及严重磨损。

（4）检查泵送换向及分配阀摆动是否正确、到位。

4. 结构件的维护

由于混凝土泵送设备工况比较差，泵送作业中整机的交变受力以及较为剧烈的震动，可能会导致其结构件的连接松动或焊缝开裂等，所以对于泵送设备结构件的检查尤为重要。

（1）主要检查项目

1）连接件和支撑件间的稳固性（汽车底盘、泵送单元、水箱、减速齿轮、搅拌机构以及混凝土输送管等之间）。

2）连接螺栓和密封件的牢靠性（尤其是受剪和受扭的元件）。

3）零部件的状态（元件可能破裂或者折断）。

4）上装及支座等各处焊缝有无开裂。

5）销钉和衬套的润滑状态，是否有锈蚀和卡死、磨损（可能断裂）。

6）由于零部件相互运动，过度磨损产生的游动间隙。

因为结构件的松动或开裂，如不得以及时发现并修复，将可能导致整机损坏甚至人员伤亡的严重事故。因此用户务必高度重视结构件的检查。

（2）连接件的紧固内容

1）定期检查连接螺栓、紧定螺钉、螺母、销轴等是否松动。若松了，用扭力扳手拧紧。

2）回转支承的螺栓承受巨大的交变载荷，因此每工作数小时后，原预紧力矩就会有所损失。必须定期采用扭力扳手来检查螺栓的预紧力矩。必须将臂架搁放在支架上来检查预紧扭矩，这样才能消除回转支承上的轴向力。对于新混凝土泵车在工作 100 个小时后必须进行检查，以后每 500 小时进行一次。

3）在拧紧时，螺栓件不能有预拉应力，所以臂架须折叠关闭起来，并保持垂直位置。在逐一拧紧回转台上的螺栓时，务必将并紧螺母锁死。

因结构修复拆掉的高强螺栓以及因疲劳等损坏的连接螺栓，不能重复使用，再装配时应采用新的同等级连接螺栓。

（3）结构件的裂缝修复

1）臂架、支腿及底架支座等结构件，由于作业时的变负荷承载，在经历一段时间后，将可能会因局部应力的集中、氧化锈蚀以及局部结构件的疲劳，发生裂缝现象。

2）混凝土泵车结构件开裂均是可修复的。用户应及时发现，尽早做好处理。臂架和支腿等承力件均采用高强度钢，不能随意补焊或者打孔，改变或降低它的强度。如有裂纹发生，请及时联系生产厂家，进行修复。

5. 液压系统的维护

混凝土泵送设备液压系统比较复杂，且液压元件型号较多，必须请专业技术人员进行液压系统的检修。如果发现故障，应该及时找出原因，并在系统执行任何动作之前修复。

（1）液压油的使用

清洁是液压系统维护的最重要工作。经常清洗才能保证系统没有灰尘、脏物及其他颗粒。每个细小颗粒会引起阀体、主泵的不正常工作及堵塞管道，在向油箱加注新油之前，应将油从桶内取出，并让液压油沉淀一会，且不能从油桶底部抽油，最好让油通过 $20\mu m$ 的过滤器过滤后，再注入油箱。油箱盖必须在打开之前清洁，其他容器也一样。使用液压油要注意如下事项：

1）同一台混凝土设备应使用厂家推荐牌号的液压油，不得使用其他牌号，更不能两种牌号混用。

2）液压油温应控制在 35～60℃ 之间。

3）油位应处于油位计 3/4 以上。

4）油颜色应为透明带淡黄色，若污染、浑浊或乳化，就应该更换。

5）液压油的质量对设备的影响极大，一般在泵送 $10000m^3$ 左右应彻底换油一次，并清理油箱和滤芯。如发现油液变色、浑浊或乳化，应及时更换。

在更换液压油之前，必须进行如下作业：

1）关闭遥控器。

2）关闭液压泵。

3）彻底降低液压油压力。

4）检查液压油箱通风过滤器上的污染物质指示器，当为红色检测环时，必须更换通风过滤器元件。

5）释放蓄能器压力，关闭发动机，拔下钥匙并切断电源，要确保工作区域的安全，安放相应的告示和设备。

（2）液压软管的更换

检查液压软管及接头是否有渗漏油现象，若有损坏则必须更换液压软管。（即使只有极细微损伤痕迹的软胶管也必须更换）

换液压软管的程序：

1）关闭机器，全部释放液压系统中所有（残留）的压力。

2）小心地拆下胶管接头，之后立即用一油堵封住接头，不能让脏物进入油路，同时避免胶管接触脏物。

3）安装胶管接头时，注意密封圈放置平整到位，确保胶管不被扭曲和强直拉紧，避免弯曲和缠绕。

4）液压胶管必须自由态安置，不能与任何东西摩擦，管子四周留有足够的空间，以便在使用时不受管道振动的影响。

5）在重新装上软胶管之后，进行一次试运行并检查所有的胶管，排出液压油收集在一容器内，并以有利于环境保护的方法处理。

（3）滤油器的维护

因为液压系统中的杂质等，滤油器在长时间工作后，滤芯等元件需要定期清洗、更换。

如过滤器带堵塞指示灯，若红色警告灯亮，则过滤器堵塞。如回油过滤器上的压力指示表，指针进入红色区域，则过滤器堵塞。

在更换过滤器之前，应进行如下操作：关闭面板按扭；停止液压泵送；关闭发动机；释放液压系统压力；并取掉点火钥匙。更换旧滤芯，换上新滤芯之前，检查每样东西如过滤圈、过滤芯、堵塞指示灯是否完好，更换损坏的元件。

必须使用原厂的滤芯才能确保质量。更换步骤如下：

1）用柴油或其他清洗油清洗滤油器外壳。

2）在滤油器底部放一接油容器，以便回收滤油器内的液压油。

3）松开顶杆螺栓，过滤器单向阀自动关闭滤油器的进油口。

4）松开端盖上的大六角螺母，拆下过滤器总成端盖。

5）取出磁棒，用清洁稠布和汽油将磁棒清洗干净。

6）检查滤芯及端盖 O 型密封圈，若损坏则应更换。滤芯的清洗应先放在汽油中浸泡一段时间，再用压缩空气由外向里吹干，经 2~3 次清洗后在装机使用。纸质滤芯不得重复使用。

7）用清洁稠布把过滤器壳体擦洗干净。

8）按上述相反顺序装上滤芯。即先放入滤芯，再插入磁棒和螺杆，装上过滤器端盖并拧紧。用力向里推压螺杆并拧紧。

（4）真空表的更换

如果真空表有机械损坏，或显示不正确，如尽管机器尚未运行，而在表上却有指示值，则要更换该真空表。

6. 润滑系统的维护

润滑是为了使混凝土泵送设备的料斗、搅拌等处滑动支撑处有较好的润滑，为了使回转减速机、PTO齿轮箱、臂架关节连接轴销等运转正常，从而使摩擦减小、延长寿命。除采用液动双柱塞润滑泵（或电动集中润滑泵）进行自动润滑各点外，其余非自动润滑点采用手工黄油嘴润滑。

因润滑油脂的损耗，所以每次开机工作时，都必须检查各润滑点是否润滑充分。如不足，则需及时添加；如需换油，应放尽系统中残余的润滑油脂。全部采用新的润滑油脂可保持最佳的润滑。

润滑的频率取决于工作条件。若工作环境潮湿、灰尘多或空气中含有较多粉尘颗粒以及连续运转时，则需增加润滑次数。当机器停止很长一段时间不工作，也须进行更深层次润滑，即对所有的部件都作一次充分的润滑。

要确保润滑油脂的清洁。在加注润滑油脂之前，要清洗干净润滑枪的喷嘴，避免混入杂质损坏接头及衬套。

7. 电气系统的维护

对于电气系统要进行正确的操作与维护。其中需要经常性地做好以下项目的检查：

（1）检查所有电气系统元件的动作是否正确可靠。

（2）保证电线完全绝缘，特别是成捆或者受压的电线，以免造成短路或断路故障。

（3）检查电线的连接处是否牢固，有无氧化。

（4）检查电气系统接地是否良好。

（5）电气元件的更换原则上必须采用与原件相同的配件。

8. 混凝土输送管的维护

为了减少泵送混凝土时的危险和故障，必须采用正确管径和厚度的输送管、正确的管卡，以及安全锁。并定期检查管卡是否锁紧，输送管是否过度磨损。

（1）为使磨损均匀，让输送管寿命更长，可以定期旋转输送管：每浇注约3000立方米，直管顺时针转120°，弯管旋转180°。

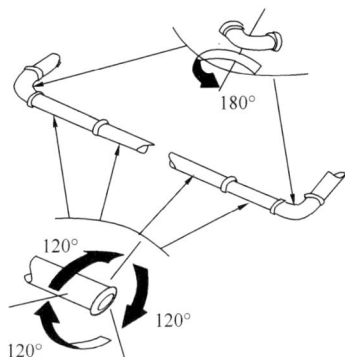

（2）必须经常检查输送管的磨损情况。当管子的厚度低于规定的值时，就要更换。可以用锤子敲打的经验方法来检查：即根据听到的声音变化来估计管厚；当然，更科学的方法是用测厚仪来测量。

（3）输送管必须是在泵送关闭时无应力的情况下安装。两输送管连接法兰面之间的间隙必须为 4mm。如果因间隙过小，管内压力会使输送管受拉伸，这会造成整个结构摇晃从而导致支承件和结构件的损坏。

（4）最小壁厚与泵送压力成线性比例关系。

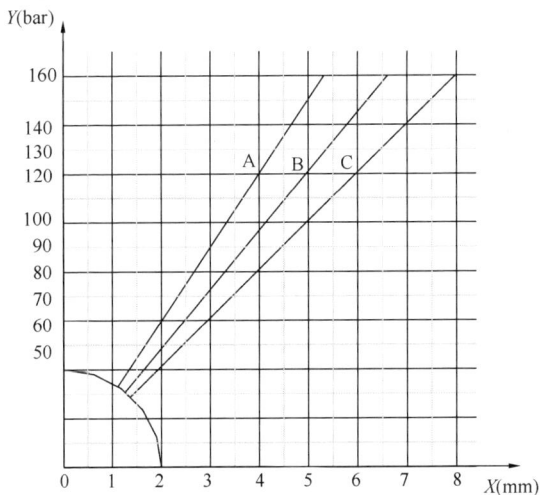

横向坐标 X 为最小壁厚，纵向坐标 Y 为泵送压力；A 表示内径 100mm 输送管的特性曲线，B 表示内径 125mm 输送管的特性曲线，C 表示内径 150mm 输送管的特性曲线。

根据上图，不同泵送施工压力下，应相应选择大于最小壁厚的输送管。

需要特别注意的是：

（1）请不要使用与原厂输送管的壁厚及直径不同的管子。

（2）当高压泵送混凝土时，要选用相应的输送管。

（3）离工作人员距离小于 3m 的输送直管和弯管，当壁厚磨损到规定值必须及时更换。

9. 清洗系统的维护

混凝土泵车配置的高压清洗水泵，如在汽车发动机为怠速时，水泵转速低，此时水泵压力小；随发动机转速提高，水泵压力将升高。如需要进行高压清洗，务必将发动机油门开关调至最大设定值。

（1）必须使用清洁水，水中杂质在水管内尤其与水箱连接处容易堵塞；且影响水泵的使用寿命。必须定期清洗过滤器，水箱等，以清除污垢。

（2）在气温很低的天气里，每天工作结束后，要放尽水路系统中的水，以防水的冻结造成水泵或者其他部件爆裂。

第二节　易损件更换与调整

1. 混凝土活塞的更换

卸下输送缸活塞：

（1）缩回驱送缸活塞至连接杆完全可见。

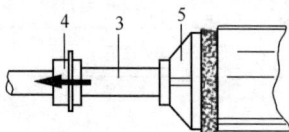

（2）放尽水，关上泵和发动机，按下紧急关闭按钮，取下水槽盖。

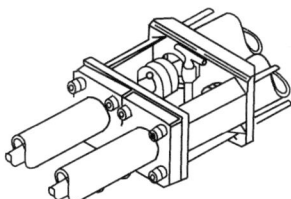

（3）取下保险丝1，松下螺栓或抱箍销2拆下联接杆。

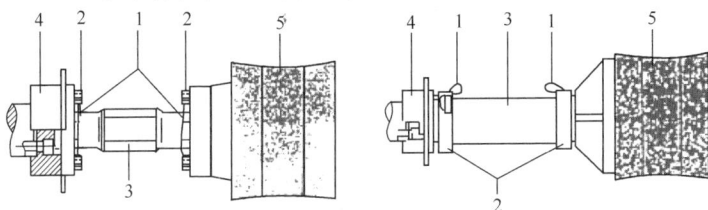

（4）启动发动机，用遥控器开动泵，慢慢地将推送油缸活塞法兰4向输送缸活塞法兰5移近。

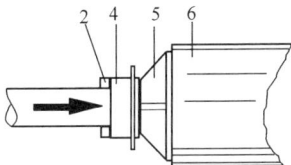

（5）关闭泵和发动机，按下紧急关闭按钮。

（6）将螺栓2穿过活塞杆法兰孔4与输送活塞5用手拧紧。

（7）启动发动机，用遥控器开动泵。用反泵动作将活塞完全从输送缸里拉出来。让推动缸活塞行到底位。

（8）先关上泵，再关上发动机，按下紧急关闭按钮。松开螺丝或抱箍，将活塞从水槽里取出。如有必要，将放水塞机构取下。

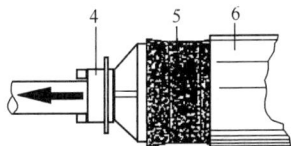

安装输送缸活塞：

（1）清除输送缸末端残留的结硬水泥。注意不要损坏缸内镀铬层。

（2）在新活塞及缸筒壁上涂上无腐蚀性的润滑脂。

（3）用螺栓将新的活塞连接上活塞杆法兰，或夹上抱箍。

（4）启动发动机，用遥控器打开泵。将输送活塞推入输送缸至连接螺栓或抱箍仍能取下。

（5）先关上泵，再关上发动机，按下紧急关闭按钮。取下连接螺栓和抱箍。

（6）启动发动机，用遥控器反泵功能，打开泵，缩回活塞杆法兰。

（7）关上泵与发动机，按下紧急关闭按钮，接上连接杆与推送活塞杆法兰。

（8）启动发动机，用遥控器打开泵。将连接杆推送至活塞处。

（9）先关掉泵，再关闭发动机。按下紧急关闭按钮。如有必要将连接杆校直并与输送活塞 5 相连。

按螺栓的型号，根据扭矩表拧紧螺栓并且重新装上保险铁丝。

2. 更换磨损件眼睛板切割环和压力环

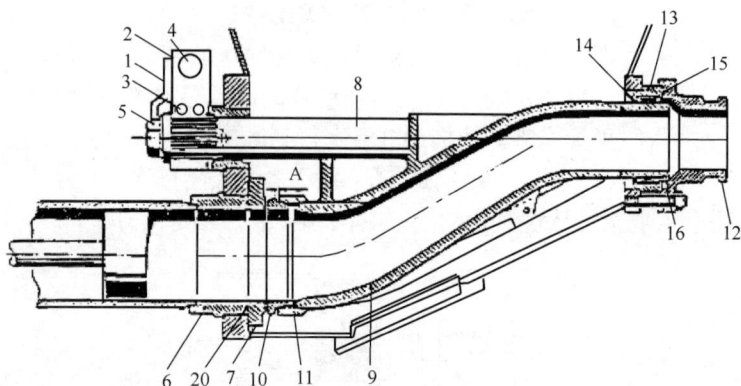

关闭发动机，如果配有蓄能器，完全释放蓄能器压力，并关闭输送至换向管的截止阀。

(1) 拆卸

1) 拆下保险板 1，从摆杆 2 的球轴承座 4 内拉出摆缸柱塞。

2) 卸下搅拌器栅板。

3) 旋松夹紧螺栓 3，逆时针松几圈调整螺栓 5。

4) 将 S 管 9 向高压连接口 12 方向移动位置。

5) 拆下并取出眼镜板螺栓后，稍稍摆动一下眼镜板将其取出。

6) 取下耐磨环 10 和压力环 11。

7) 清除留在接触面上的密封胶，并清洗之。

(2) 安装

1) 清除眼镜板 7 表面的油脂，将密封圈 20 装上，在眼镜板上涂上密封胶。

2) 压力环 11 及耐磨环 10 上润滑脂，装于 S 管 9 上。

3) 将眼镜板 7 装入，并用螺栓拧在料斗内壁上。

4) 拧紧调正螺栓 5 至耐磨环 10 与眼镜板 7 紧贴，但压力环 11 不能歪斜。

5) 测量耐磨环 10 和 S 管 9 之间的间隙，该间隙必须在 3～5mm 内。（压力环 11 所要求的最大值）。如果间隙尺寸不对，压力环 11 的宽度根据要求调正。

6) 拧紧调整螺丝 5，至换向管 9 不能用手扳动（用大约 300mm 长铁棒，穿在起吊孔 19 内，用约 250N·m 的力去转动换向管）。

需要特别注意的是：

按制造厂许可的要求，压力环 11 在正确地调整好 S 管时，其间隙约在 1～3mm。

7) 用 210N·m，拧紧夹紧螺栓 3，将摆缸柱塞导入摆杆 2 的球轴承座 4 内。

8) 拧上保险板 1，安装保险板时，调整六角螺栓的一个螺头平面必须水平，安装柱塞球头锁紧销板时，该板不能弯曲或磨损，否则球头会从轴承座窝槽内滑出。

第十二章 常见故障分析与处理

在混凝土泵送设备的使用中，对于出现的常见故障，使用人员应当能迅速判断并排除，避免延误施工及出现安全事故发生。尤其在施工中应该及时发现故障隐患，在设备检修中提前进行预防性维修，以保证设备技术性能完好，施工的顺利进行。

1. 泵送系统常见故障

（1）主泵送系统常见故障

1）自动泵送不能启动

① 泵送启动按钮接线脱落，重新接线。

② 中间继电器烧坏，维修或更换继电器。

③ 电磁铁烧坏，更换电磁铁（普通电磁铁电阻在 22Ω 左右）。

④ 泵送超压或压力继电器故障，维修或更换压力继电器。

⑤ 比例放大器故障，没有控制压力，用万用表电压档测量 48 号线电压，调节排量开关，应发现有 0～7.8V 电压变化，（闭式系统 0～10V），再用万用表电流档测量 45 号线电流，相应的电流应有变化（0～700mA），如无电压变化，说明放大器故障。

⑥ 底盘档位不正确。根据说明书选择正确档位（VOL-VOFM12 6×4 选择 8 档，VOLVOFM12 8×4 选择 6 档，五十铃选择 6 档，奔驰选择 7 档）。

2）主油缸不动作

① 主缸点动按钮接线脱落，重新接线。

② 中间继电器烧坏，维修或更换继电器。

③ 电磁换向阀故障，一般为电磁铁烧坏。更换电磁铁（普通电磁铁电阻在 22Ω 左右）。

④ PLC 无输出，重新输入程序（故障灯常亮表示 CPU 故障，闪烁表示程序故障）。

⑤ 其他控制线路故障。

⑥ 主泵排量调整旋钮调整不当。

⑦ 油箱内液压油太少。

⑧ 滤芯严重堵塞。

⑨ 控制油路节流塞堵死。

3）主油缸不换向

① 接近开关与感应套之间间隙太大，调整间隙在 $2\sim3$mm 之间。

② 接近开关感应面有异物，导致感应不灵。

③ 接近开关故障，用螺丝刀或金属件交替碰接近开关感应面，应看到电控柜内 PC 上输入指示灯交替亮。

④ 中间继电器烧坏，维修或更换继电器。

⑤ 电磁换向阀电磁铁烧坏，用万应表测量电阻应为 22Ω 左右，更换电磁铁。

⑥ 其他控制线路故障。

4）主油缸活塞运行缓慢无力

① 主油缸单向阀损坏。

② 主泵排量调整旋钮调整不当。

③ 控制油压不够，全面重新调试控制系统：

补油泵溢流阀调到 3.5MPa，冲洗阀调到 3.0MPa（须在厂家技术人员指导下进行）。

④ 滤芯堵塞或液压油不够。

⑤ 控制油路节流堵塞。

⑥ 电磁换向阀故障，阀芯不能运动到位。

⑦ 高层泵送时，未及时进行补油操作，主油缸封闭腔液压油减少，行程缩短。

5）输送管出料不充分

① 混凝土活塞磨损严重。

② 眼镜板与切割环间隙太大。

③ 混凝土料太差，造成吸入性能差。

④ S管部分被堵塞。

6）泵送不停机

① 中间继电器烧坏，维修或更换继电器。

② 停止按钮故障，维修或更换停止按钮。

（2）分配阀系统常见故障

1）管阀不摆动

① 分配阀点动按钮故障或者接线脱落。

② 电液换向阀的先导阀芯卡死或者电磁铁线圈烧坏。

③ 分配阀被异物卡住。

④ 先导溢流阀故障使换向压力不够。

⑤ 恒压泵故障，使换向压力达不到要求。

⑥ 混凝土料差，停机时间又长，换向阻力大，摆不动。

⑦ S管轴承磨损严重，换向阻力大。

⑧ 高层泵送时，水平管路太短。

⑨ 中间继电器烧坏。

2）分配阀乱摆

① PLC故障或有其他干扰信号，维修或更换PLC。

② 水箱水温太高（超过50℃），接近开关误动作。

3）S管阀摆动无力

① 蓄能器内压力不足或皮囊破损，重新充气使氮气压力达8.5MPa，或更换新的蓄能器皮囊再充氮气到8.5MPa。

② 卸荷开关未关闭。

③ 摆动油缸漏油。

④ 先导溢流阀阀芯严重磨损，使换向压力低于15MPa。

⑤ 电液换向阀电磁铁故障或主阀芯弹簧断裂，使主阀芯运行不能到位：电液换向阀主阀芯磨损，产生内泄。

4）S管阀摆动不到位

① 摆动油缸尼龙轴承座变形或厚薄不一致，在摆动油缸尼

龙轴承下面加调调整垫片。

② 混凝土凝固，混凝土颗粒过大不符合泵送要求，或液压油油压不足。

5）分配阀摆臂端漏砂浆，S管小端防尘圈变形或轴承磨损过度，间隙大。

（3）润滑系统常见故障

1）递进式分油器阀芯被卡死，定期清洗递进式分油器。

2）润滑泵出口单向阀故障，检查更换。

3）润滑系统溢流阀故障，检查更换。

4）润滑油不合要求，粘度大，不能通过滤网。

5）某一润滑油路堵死，一般为分配阀大端轴承处润滑点。

（4）搅拌系统常见故障

1）混凝土料泵送性能太差，搅拌阻力大或搅拌叶片被卡住，卡住时应反转。

2）搅拌溢流阀调定压力不够，用木头卡住搅拌叶片，将压力调到14MPa。

3）搅拌马达损坏，检查，如有必要则更换。

4）搅拌系统齿轮泵损坏，检查更换。

5）手动换向阀操作杆拉断或故障，使换向阀阀芯移动不到位。

6）搅拌轴或轴套损坏，需清理检修。

7）正常搅拌过程中，出现搅拌一正一反来回搅拌，压力继电器故障。拆下插头用万用表测量两个接点是否接通（正常应该是断开）。

（5）液压泵出现噪声

1）可能的原因一：

① 吸入管路堵塞，清除堵塞或更换吸入管。

② 液压油的粘度过高，更换低粘度的液压油。

③ 油箱通气孔堵塞，清洗或更换通气孔内滤芯。

④ 油内混有水，彻底清除回路中的水，更换液压油。

2) 可能的原因二：

① 管进口有空气进入，吸入管密封不好，油箱内的液压油油位处于极限位置以下，或与不适合工作条件的液压油混合使用而产生泡沫。

② 检查接头是否拧紧，O 形圈是否破损。如果需要，则进行更换，添加同一型号的液压油，换用合适的液压油。

3) 可能的原因三：

① 由于液压油的温度过高或粘度太低而发生的轴承咬死，液压泵和 PTO 之间的连接损坏。

② 更换液压泵并检查液压油是否合适，查找油温过高的原因，拆除连接部分并且更换损坏的部件。

(6) 液压系统油温过高

可能的原因：

1) 冷却系统效率不够。

2) 回路阻塞，排除障碍。

3) 散热器风扇损坏，更换散热器风扇。

4) 周围环境的原因导致散热器的效率无法满足需要，改善工作环境的通风性，降低环境温度。

5) 散热器表面过脏，散热质量不高，除去或清洗散热器表面的脏物。

(7) 液压油乳化问题

1) 可能的原因：

① 空气中的水分因冷热交替而在油箱中凝结，变成水珠落入油中。

② 因焊缝、法兰等密封不严，油箱上的雨水渗入油箱。

③ 因泵送油缸损坏，水分被活塞杆带入油中。

④ 清洗、换油、维修过程中带入水分。

2) 故障处理：

一是及时排水，建议每次工作前开放水阀放一次水。

二是尽量避免在雨天换油，如果雨天换油，应采取措施防止雨水进入油箱。

三是雨天维修时，要做好防水措施。

在条件允许的情况下，在油温过高时，可往泵送油缸封闭腔和冷却器上浇水，降低油温，防止高温氧化物产生。

（8）混凝土的反吸操作不能进行

1）可能的原因：

① 阀机械故障，如阀芯由于杂质而阻塞或油温过高。

通过推动电磁阀端部橡胶帽，检查阀芯是否移动，如果发生阻塞，则应拆下阀芯进行清洗，并检查可能的被损坏的原因。检查滤油器和冷却系统。

② 线路发生故障，电磁阀被烧坏（反吸电磁阀），继电器被烧坏或电气接头被氧化。

2）故障处理：当机器停下以后，通过推动电磁阀端部的橡胶帽，检查阀芯是否移动，如果阻塞，则应拆下阀芯进行清洗，如果阀芯移动自如，则应拆开电磁阀线圈，通过金属物体检查线圈在通电时是否有磁性。如果没有，检查电器部分的线圈是否烧坏，继电器是否损坏和是否断路等。更换继电器，更换损坏的部件。

（9）泵送频率显著降低

1）可能的原因：

① 液压泵失效，如液压泵内部泄漏严重，或液压泵恒功率调节卡住。

② 液压元件损坏，最大压力阀由于杂质或损坏而部分打开等。

③ 泵送机构磨损，如混凝土缸活塞渗透严重，眼镜板及切割环过度磨损等。

2）故障处理：分解液压泵，更换密封圈，检查其他部件，如果有损坏，则应进行更换；清洗或更换最大压力阀；更换过度磨损的混凝土缸活塞、眼睛板或切割环。

（10）混凝土管经常堵塞

1) 主要的堵塞原因：

① 泵送管道中混凝土泄漏，如切割环与耐磨板之间，出料口与S管阀之间，活塞与混凝土管之间及管道快换接头处等。

② 液压系统压力不够。

③ 混凝土的泵送性能不好。

④ 混凝土中吸收了空气。

2) 故障处理：检查更换切割环或密封圈与耐磨板；拧紧螺栓，压紧密封圈。更换磨损的部件；更换混凝土缸活塞；更换管卡密封圈；检查液压泵是否失效，调节最大压力阀；如果混凝土配料不合适，改变级配；检查管路中密封圈是否有效。

(11) 水泵不出水或水泵压力不足

1) 可能的原因：

① 没有蓄水或蓄水少。

② 过量的残渣导致进水管堵塞。

③ 进水过滤器堵塞。

④ 水泵的液压马达内部漏油。

⑤ 分配阀漏油。

⑥ 水泵安全阀不工作。

2) 故障处理：重新加满水箱；疏通堵塞，必要时更换水管；清洗水过滤器，检查是否有损坏；检查更换液压马达；检查更换阀块；调节水泵安全阀，更换已损坏的部件，或更换整个安全阀。

(12) 无控制压力

1) 电位器故障，维修或更换电位器。

2) 比例放大器故障，维修或更换放大器。

3) 比例减压阀电磁铁故障，更换电磁铁。

4) 其他控制线路故障。

(13) 冷却风机不工作

1) 发动机转速没有输入到PLC，检查发动机转速信号。

2) 继电器故障，检查控制冷却风机的两个继电器。

3）温度传感器故障，检查温度传感器（冷却风机启动温度要求：30℃时启动一个，60℃时启动两个）。

2. 臂架系统常见故障

（1）臂架都不能动作（手动正常）

可能原因及处理方法：

① 臂架/支腿转换开关故障，维修或更换转换开关。

② 遥控接收盒内 F3/F4 保险烧坏，更换保险丝。

③ 多路阀电磁铁故障，更换电磁铁。

④ 其他控制线路故障。

（2）在个别位置时，臂架不能打开或不能移动

1）可能原因：

① 液压系统压力不够。

② 臂架上有其他异常多余的负载。

③ 电磁阀阻塞或电磁阀烧坏。

2）故障处理：

① 如果阀门的最大压力指示值没有达到臂架工作时的值，应检查是否最大压力阀没有调节好。如果这样仍不能排除故障，则表明是液压泵损坏，应更换液压泵。

② 使多余的负载不再作用于臂架。

③ 如果按照以上各条检查之后，仍不能使臂架正常工作，必须检查单一控制臂架的指令阀是否正常工作。

（3）臂架伸展或起升的颤动过大

1）几种连接间隙异常情况：

① 各连接处销轴与固定座之间。

② 止推轴承固定部分与旋转部分之间。

③ 止推轴承的螺栓松开。

2）故障处理：更换损坏部件，并保证运动副润滑频率，更换止推轴承，按规定紧固，拧紧或更换螺栓。

（4）臂架自动下沉

1）可能原因：

① 臂架油缸中进入空气，因空气的压缩性比较大，臂架在不同的位置负载不同，当负载增加时，因空气压缩导致臂架油缸伸缩，臂架下沉。

② 臂架油缸内泄。

③ 平衡阀内泄。

2）故障处理：进入空气，可按上章排气方法解决，反复憋压，以排除空气；油缸内泄则要先检查活塞处密封圈是否损坏，若损坏，则更换密封圈，若没有，则检查油缸缸筒，是否划伤、缸壁胀大等现象；平衡阀内泄一般是拆下来清洗，如果有零件损坏，则维修或更换零件，如损坏严重则更换整个平衡阀。

（5）臂架油缸不同步（大臂两个支撑油缸）

1）可能原因：

① 平衡阀开启压力。若平衡阀开启压力大于负载，则当开启压力不同时，开启压力小的平衡阀先开启，对应的油缸先动作。油缸产生不同步动作，当不同步到一定程度时，由于机械方面的限制，使压力升高，另一油缸才动作。

② 油缸本身的摩擦力不同。油缸本身的摩擦力就相当于一个负载，摩擦力相差较大就会引起油缸较严重的不同步。

③ 两油缸负载偏载，载荷小的油缸先动作。

④ 进回油压力损失不同。由于污物卡住或堵塞，阀芯开口不同，都会引起进回油压力损失不同，引起油缸不同步动作。

2）故障处理：排除机械故障后，在液压方面也可做些调整，可以采取调节平衡阀压力，把先动作油缸回油腔的平衡阀压力适当调高。

（6）旋转以后臂架停下来太慢

1）可能原因：

① 阀块因为脏物而发生阻塞。

② 泵的固定不水平。

③ 刹车盘磨损。

④ 刹车弹簧变形。

2）故障排除：清洗或更换阀块，升降支腿，使泵车保持水平，更换刹车盘，更换刹车弹簧。

（7）大臂只能升不能降

可能原因及处理方法：

1）大臂限位器故障，维修或更换大臂限位器。

2）KA40继电器故障，更换继电器。

3）遥控器故障，维修或更换遥控器。

（8）臂架在负载下不能锁定

1）可能原因：

①锁定阀块未调节好，阀块脏或损坏。

②液压缸内渗漏。

2）故障排除：调节或清洗、更换该阀块，更换密封件，检查油管是否损坏。

（9）回转不能动作

可能原因及处理方法：

1）回转限位器故障，维修或更换限位器。

2）遥控器故障，维修或更换。

3）多路阀电磁铁或回转锁止阀电磁铁故障，更换电磁铁。

（10）销轴不能得到润滑

1）可能原因：

①润滑油嘴阻塞或损坏。

②润滑管道因脏物而发生阻塞。

2）故障排除：更换润滑油嘴，取出销轴，检查管道阻塞原因及磨损和间隙情况。

注意：这种情况可能导致销轴咬死，销轴随臂架转动，销轴卡板被破坏等。

3）这里有两种方法取出销轴：

①油嘴和连接部位向销轴加注润滑脂，然后取出。

②向销轴加注润滑脂，仍然不能取出，则用加热法取出，这样必须更换销轴和轴套。

（11）支腿无动作

可能原因及处理方法：

1）臂架/支腿转换开关故障，维修或更换转换开关。

2）控制柜 KA24 继电器故障，维修或更换继电器。

3）一臂下降限位开关故障，维修或更换限位开关。

4）多路阀电磁铁故障，更换电磁铁。

（12）遥控器操作常见故障

1）遥控器不工作或只部分工作。

① 遥控器的插头没有插入或未插到位。

② 插头短路或断电。

③ 旋钮或按钮损坏，天线没有拧紧，天线与接收器连接处进水。

④ 高频干扰，附近有高压电，强磁场，高频无线电信号等。

故障排除：检查遥控器插头与插座之间的结合，确保正确连接更换损坏的部件。

2）遥控器电源指示灯闪烁，只有电笛，其他动作都没有。

① 二级保护起作用，检查每个二级保护按钮，遥杆。

② 内部受潮，打开遥控器在太阳下晒干或用电吹风吹干。

3）操作一个指令时，另一指令动作。

① 按钮操作板上的两导线之间发生短路。

② 遥控电缆短路。

③ 泵上的电缆短路。

故障处理：查找短路的原因，并进行修复。

3. 底盘部分故障分析

（1）VOLVO 底盘部分

1）作业时不能加速，行驶时转速表停在 1000rpm；底盘发动机报警灯亮，报警。

① 原因分析：检查驾驶室内方向盘左边操纵杆上巡航开关能不能加速，若不能加速，则底盘速度故障，与 VOLVO 维修中心联系；若能加速，则检查上车电路，从泵送控制原理图上可

知，此故障信号在 PLC 扩展模块上，因此基本上可以断定是扩展模块故障。

② 故障处理：选择面控状态，操作油门加减速开关，观察 PLC 主模块的输入在灯 X6、X7，如输入灯亮，则说明输入正常；再观察 PLC 扩展模块的输出 Y0、Y1，并用万用表测量 37、38 号线，如没有 24V 电压输出，则模块坏了。换上同型号的模块即可。

2）高速时，发动机转速只能达到 1500rpm。

① 原因分析：此故障是因为底盘速度限制信号 BBA4 在行驶时起了作用。而此信号是由取力行程开关触点的导通和闭合来控制。

② 故障处理：当作业状态，取力行程开关 S1 闭合，70 号线得电，作业灯亮，BBA4 为高电瓶（＋24V），底盘限速 1550rpm. 由于我们用的取力行程开关是常闭触点，因此行驶状态下，应有较大的气压来顶开除点，使 70 号线（即 BBA4）不与＋24V 相通，显然此故障的产生原因，是因为取力行程开关坏了，或气路漏气使压力太小所致。

3）底盘发动机不能点火

① 原因分析：BBA27（底盘电脑停发动机输入）接地时，即可 35 号线对＋24V 电压为－24V 时，发动机能正常启动。如果 KA7 得电，常闭点断开，则发动机停止。

② 故障处理：作业状态下不能启动发动机，如面板上有故障报警灯亮，则是停发动机按钮按下了，使得 PLC 的输入端 X15 有输入，打开发动机停止按钮即可；如面板无报警，则检查 KA7 继电器的常开触点，并测量 35 号线是否保持接地，地线是否接触良好；如行驶状态和作业状态下都不能启动发动机，则检查 KA7 继电器的常闭触点是否接通，常闭触点上的号线是否真正接地，如否，则更换继电器，并重新接好地线。

（2）五十铃底盘部分

1）五十铃欧Ⅱ底盘，遥控/面控操作时，无油门加减速。

① 原因分析：底盘发动机启动时，外置油门调速电位器必须处于最初位置（输出电压在 0.3～0.5V），否则外置电控油门不起作用。

② 故障处理：发动机启动前用万用表测量电位器的红色和黑色线之间的电压，如低于 0.3～0.5V，则需更换电位器；外置元件（如直线电机，模拟电压）导致发电机启动时，初使电压低于 0.3～0.5V，底盘电脑屏蔽外置油门的调速功能。先减速，再加速，或熄火再启动发动机直至故障排除。

2）转换到作业壮态就烧底盘保险，行驶状态正常。

① 原因分析：如果 70 号线对地接通，一旦转换到作业状态，S1 的触点由开转为闭合，则 70 号线与短路，保险烧断。

② 故障处理：作业指示灯烧坏，造成 70 号线与地短路，更换元件；S1 插头进水，造成与地短路，取下 S1 插头吹干重新接上即可。

（3）奔驰底盘部分

作业状态时突然掉速

1）原因分析：当底盘部分某个传感器有故障或上装电路中 PLC 接收到某个报警时。发动机会突然降速。

2）故障处理：发动机降速时，驾驶室显示屏上出现报警，一般是底盘防滑传感器故障（有可能不清洁），清洗或更换传感器即可排除；如果发动机降速时，上装电控柜显示屏上出现报警，根据提示清除报警故障即可。